控制测量实习教程

蔡昌盛 匡翠林 曾凡河 主编

中南大学出版社
www.csupress.com.cn
·长沙·

图书在版编目(CIP)数据

控制测量实习教程 / 蔡昌盛, 匡翠林, 曾凡河主编. --长沙: 中南大学出版社, 2025.2.
ISBN 978-7-5487-6138-9
Ⅰ. P221
中国国家版本馆 CIP 数据核字第 2025FK9093 号

控制测量实习教程
KONGZHI CELIANG SHIXI JIAOCHENG

蔡昌盛　匡翠林　曾凡河　主编

□出 版 人	林绵优
□责任编辑	韩　雪
□责任印制	唐　曦
□出版发行	中南大学出版社
	社址：长沙市麓山南路　　邮编：410083
	发行科电话：0731-88876770　传真：0731-88710482
□印　　装	广东虎彩云印刷有限公司

□开　　本	787 mm×1092 mm　1/16　□印张 8.75　□字数 208 千字
□版　　次	2025 年 2 月第 1 版　□印次 2025 年 2 月第 1 次印刷
□书　　号	ISBN 978-7-5487-6138-9
□定　　价	45.00 元

图书出现印装问题，请与经销商调换

内容提要

  本书是测绘工程专业实践课程"控制测量生产实习"的配套用书，主要内容包括控制测量实习概述、控制测量技术设计、GNSS 控制测量、精密水准测量、RTK 控制测量、导线控制测量、实习成果检查与验收、控制测量技术总结、外业操作考核等。本书针对"大地测量学基础""GNSS 测量与数据处理"课程集中实习而编写，通过理论与实践相结合，以巩固课堂所学理论知识，熟悉仪器操作技能，提升解决实际工程问题的能力。

  本书以高等院校测绘工程本科专业学生为主要对象，也可作为相关专业或测绘专业技术人员的参考用书。

前言

"大地测量学基础"与"GNSS测量与数据处理"是高等院校测绘工程专业两门重要的专业课程，均具有较强的理论性与实践性。为了帮助学生更好地学习和掌握这两门课程，许多高校的测绘工程专业都开设了"控制测量生产实习"课程。该课程并非简单地熟悉仪器操作，而是让学生系统性掌握控制测量的方法与过程。为了更好地开展该课程的学习，达到预期的实习效果，出版一本与之相配套的实习教程是十分必要的。

本书作为"控制测量生产实习"课程的配套教材，旨在给学生提供详细的实习指导，加深学生对理论知识的理解，加快学生对仪器操作的熟练掌握，提高学生的实践动手能力，培养学生解决控制测量实际工程问题、撰写技术设计书和项目报告等方面的能力。

本书内容包括控制测量实习概述、控制测量技术设计、GNSS控制测量、精密水准测量、RTK控制测量、导线控制测量、实习成果检查与验收、控制测量技术总结、外业操作考核。本书内容设置涵盖了控制测量生产的全过程，是中南大学控制测量实习指导教师团队在总结多年实践教学经验的基础上完成的，可为高等院校控制测量实习提供参考和借鉴。

本书分为九章，其中第1章、第2章、第4章、第6章、第8章由蔡昌盛编写，第3章、第5章由匡翠林编写，第7章、第9章由曾凡河编写。

由于编者水平有限，书中难免存在错误或不妥之处，敬请读者批评指正。

笔　者

2024年10月

目 录
Contents

第 1 章　控制测量实习概述 ··· 1

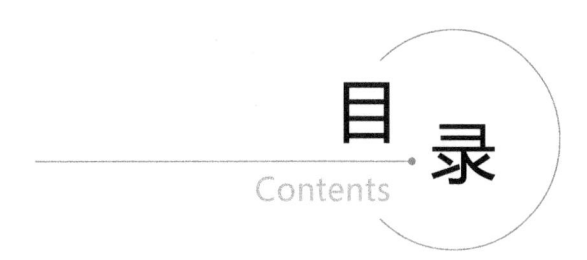

  1.1　实习目的和意义 ··· 1
  1.2　实习内容与要求 ··· 1
  1.3　作业依据 ··· 2
  1.4　测量仪器使用注意事项 ·· 2
  1.5　观测记录与计算规则 ·· 3
  1.6　实习考核 ··· 3

第 2 章　控制测量技术设计 ··· 5

  2.1　技术设计的目的和要求 ·· 5
  2.2　技术设计的主要内容 ·· 6
  2.3　技术设计提交的资料 ·· 7

第 3 章　GNSS 控制测量 ·· 8

  3.1　GNSS 控制网建立流程 ·· 8
  3.2　GNSS 首级控制网技术设计 ··· 9
  3.3　GNSS 控制网施测 ··· 11
      3.3.1　GNSS 控制网选点与埋石 ··· 11
      3.3.2　仪器设备选用及检验 ·· 12
      3.3.3　GNSS 外业观测 ··· 13
      3.3.4　GNSS 静态测量操作 ·· 15
  3.4　GNSS 控制网数据处理 ·· 18

  3.4.1 GNSS 控制网数据处理流程 ·· 18
  3.4.2 GNSS 基线解算 ·· 18
  3.4.3 GNSS 控制网平差 ·· 22
  3.4.4 GNSS 高程拟合 ·· 24
  3.4.5 控制网数据处理操作 ··· 27

第 4 章　精密水准测量 ··· 45

 4.1 水准测量基本原理 ··· 45
 4.2 水准测量仪器 ·· 46
  4.2.1 水准仪分类 ·· 46
  4.2.2 水准尺和尺垫 ·· 47
 4.3 水准仪使用方法 ·· 48
  4.3.1 光学水准仪 ·· 48
  4.3.2 数字水准仪 ·· 52
  4.3.3 数字水准仪测站观测顺序和方法 ··· 53
  4.3.4 水准测量注意事项 ··· 53
 4.4 水准仪 i 角检验 ··· 55
  4.4.1 i 角的产生 ··· 55
  4.4.2 i 角检验方法 ··· 55
  4.4.3 i 角检验操作步骤 ··· 56
 4.5 精密水准测量技术要求 ·· 57
 4.6 外业成果的整理与计算 ·· 59
 4.7 水准网平差计算 ·· 61

第 5 章　RTK 控制测量 ··· 67

 5.1 RTK 测量基本原理 ·· 67
 5.2 RTK 控制测量要求 ·· 71
 5.3 RTK 控制测量操作 ·· 74
  5.3.1 工程建立 ··· 74
  5.3.2 基准站设置 ·· 76
  5.3.3 流动站设置 ·· 79
  5.3.4 转换参数求解 ·· 79
  5.3.5 RTK 控制测量作业 ··· 81

  5.3.6 成果输出 ……………………………………………………………… 84

第6章 导线控制测量 ……………………………………………………………… 87

 6.1 导线测量基本原理 ……………………………………………………………… 87
 6.2 测量仪器 ………………………………………………………………………… 88
  6.2.1 全站仪的结构 …………………………………………………………… 88
  6.2.2 全站仪的功能 …………………………………………………………… 89
 6.3 全站仪使用方法 ………………………………………………………………… 92
  6.3.1 全站仪的安置 …………………………………………………………… 92
  6.3.2 水平角观测 ……………………………………………………………… 92
  6.3.3 距离观测 ………………………………………………………………… 95
 6.4 全站仪的检验与校正 …………………………………………………………… 95
  6.4.1 照准部水准管轴垂直于竖轴的检验与校正 …………………………… 96
  6.4.2 十字竖丝垂直于横轴的检验与校正 …………………………………… 96
  6.4.3 视准轴垂直于横轴的检验与校正 ……………………………………… 96
  6.4.4 横轴垂直于竖轴的检验与校正 ………………………………………… 96
  6.4.5 竖盘指标差的检验与校正 ……………………………………………… 96
  6.4.6 光学对中器的检验与校正 ……………………………………………… 97
  6.4.7 距离加常数和乘常数的测定 …………………………………………… 97
 6.5 导线布设与技术要求 …………………………………………………………… 98
  6.5.1 导线的布设 ……………………………………………………………… 98
  6.5.2 主要技术指标 …………………………………………………………… 98
  6.5.3 选点与埋石 ……………………………………………………………… 99
  6.5.4 导线测量观测要求 ……………………………………………………… 99
 6.6 导线测量外业观测 ……………………………………………………………… 100
 6.7 导线测量的内业计算 …………………………………………………………… 101
 6.8 导线测量数据处理软件 ………………………………………………………… 103

第7章 实习成果检查与验收 …………………………………………………………… 114

 7.1 检查与验收基本要求 …………………………………………………………… 114
 7.2 成果质量评定 …………………………………………………………………… 115
 7.3 抽样检查程序 …………………………………………………………………… 116
 7.4 成果质量元素及错漏分类 ……………………………………………………… 116

第 8 章 控制测量技术总结 ·· 122

8.1 技术总结的主要内容 ·· 122
8.1.1 概述 ·· 122
8.1.2 技术设计执行情况 ·· 122
8.1.3 测量成果质量情况 ·· 123
8.1.4 上交测量成果和资料清单 ·································· 123
8.2 技术总结报告编写提纲 ·· 123

第 9 章 外业操作考核 ·· 126

9.1 水准测量操作考试 ·· 126
9.2 RTK 测量操作考试 ··· 128

参考文献 ·· 129

第1章 控制测量实习概述

1.1 实习目的和意义

对于高等工科院校测绘工程专业而言,"大地测量学基础"和"GNSS 测量与数据处理"是两门核心的专业课程。控制测量实习是学生在修完这两门课程后的一个重要实践教学环节,旨在使学生在掌握大地测量学基础理论和基本技能的基础上,进行一次全面、系统的实践训练,以巩固课堂所学理论知识,提高控制测量实践技能,使学到的理论知识与实践紧密接合。通过控制测量实习,使学生熟练掌握控制测量仪器的操作技能,提高学生的实践动手能力和解决控制测量实际工程问题的能力。同时,通过这种集中式的实习模式和小组式的组织形式,可以培养学生对测量工作严谨认真、实事求是、一丝不苟的工匠精神以及团队协作意识,培养学生理论联系实际、善于发现和解决问题、在工程实践中积极探索与创新的优良品质,为将来学生走上工作岗位后能胜任工作岗位和爱岗敬业奠定坚实基础。

1.2 实习内容与要求

1. 实习内容

实习任务由指导教师以任务书的形式下达,以中南大学测绘工程专业控制测量实习为例,控制测量实习内容主要包括:GNSS-E 级网、二等水准网、二级 RTK 控制网或二级导线加密控制网的布设和测量。在充分了解任务书的基础上,学生以小组为单位依据测绘技术设计规定和相应规范要求开展控制测量技术设计工作。在各小组技术设计的基础上,进一步优化技术设计作为整个班级的施测方案。基于此方案,各班开展测区首级控制网(GNSS-E 级网、二等水准网)的选点、埋石、测量以及内业数据处理,在此基础上,进行二级 RTK 控制网或二级导线加密控制网的选点、埋石、测量以及内业数据处理。最后,进行控制测量技术总结和成果验收。

2. 实习要求

(1)实习前，应认真复习巩固"大地测量学基础"和"GNSS 测量与数据处理"两门课程教材中的有关内容，认真学习相关测量规范及充分了解任务书，明确控制测量目的要求、方法步骤及注意事项，以保证按时完成实习任务。

(2)实习以班级为基本单位，各班分成若干小组，每组 5~6 人，每组设组长 1 人。组长负责组织和协调实习工作，办理测量仪器的借领与归还手续。在整个实习过程中，各小组成员须以严谨务实的态度，认真、仔细地开展控制测量设计、外业观测及内业数据处理工作，锻炼独立工作的能力，同时也要发扬小组成员之间团结互助和互相协作的精神。应在规定时间内完成实习任务，不得无故缺席或迟到早退。整个实习过程中，应高度重视人身和仪器安全。野外作业时，应严格遵守交通规则，沿道路测量时应靠边行进，勿影响交通通行。在仪器使用过程中如有遗失、损坏情况，应立即报告指导教师，同时要查明原因，根据情节轻重，给予适当赔偿。

(3)实习结束时，应按时向指导教师提交书写工整、图表规范的技术总结报告、实习报告、实习日志、记录手簿、附件表等成果资料。

1.3 作业依据

(1)《全球导航卫星系统(GNSS)测量规范》(GB/T 18314—2024)。
(2)《国家一、二等水准测量规范》(GB/T 12897—2006)。
(3)《全球定位系统实时动态测量(RTK)技术规范》(CH/T 2009—2010)。
(4)《城市测量规范》(CJJ/T 8—2011)。
(5)《工程测量标准》(GB 50026—2020)。
(6)《测绘技术设计规定》(CH/T 1004—2005)。
(7)《测绘作业人员安全规范》(CH 1016—2008)。
(8)《测绘成果质量检查与验收》(GB/T 24356—2023)。
(9)《测绘技术总结编写规定》(CH/T 1001—2005)。

1.4 测量仪器使用注意事项

以小组为单位到指定地点领取测量仪器和工具，借领时应当现场清点检查，如有缺损，应立即报告实验室管理员给予更换。在使用测量仪器的过程中，应遵循以下注意事项。

(1)携带仪器前，注意检查仪器箱是否扣紧、锁好，拉手和背带是否牢固，并注意轻拿轻放。开箱时，应将仪器箱放置平稳。开箱后，记清仪器在箱内安放的位置，以便用后按原样放回。提取仪器时，应双手握住支架或基座轻轻取出，放在三脚架上，保持一手握住仪器，另一手拧紧连接螺旋，使仪器与三脚架牢固连接。仪器取出后，应关好仪器箱，严禁箱上坐人。

（2）不可置仪器于一旁而无人看管。阳光强烈或下雨时应撑伞，防止仪器日晒雨淋。

（3）若发现透镜表面有灰尘或其他污物，须用软毛刷和镜头纸轻轻拂去。严禁用手帕、粗布或其他纸张擦拭，以免磨坏镜面。

（4）制动螺旋勿拧过紧，以免损伤，微动螺旋勿旋转至尽头，防止失灵。

（5）水准测量近距离搬站时，应放松制动螺旋，一手握住三脚架放在肋下，另一手托住仪器，放置于胸前稳步行走，不准将仪器斜扛于肩上，以免碰伤仪器；若距离较远，须装箱搬站。

（6）仪器装箱时，应松开制动螺旋，按原样放回后试关一次，确认放妥后，再拧紧各制动螺旋，以免仪器在箱内晃动，最后关箱上锁。

（7）水准尺、对中杆不准用作担抬工具，以防弯曲变形或折断。

（8）水准尺较长，在搬运过程中应沿着马路边顺着马路行走，切勿横着搬运，影响交通安全。

1.5 观测记录与计算规则

（1）观测数据记录错误时，不准用橡皮擦去，不准在原数字上涂改，应将错误的数字划去并把正确的数字写在原数字的上方。记录数据修改后或观测数据废弃后，都应在备注栏说明原因，如测错、记错或超限等。

（2）记录时，禁止连环更改数字。

（3）记录时，禁止更改厘米、毫米位数字。

（4）数据运算应根据所取数字，按"四舍六入、五前奇进偶不进"的规则进行数字凑整。

（5）使用光学水准仪进行水准测量各项数据的记录和计算，必须按记录格式用2H或4H铅笔认真填写。字迹应清楚并随观测随记录，不准先记在草稿纸上，然后誊入记录表中，更不准伪造数据。观测者读出数字后，记录者应将所记录数字复诵一遍，以防听错、记错。简单的计算与必要的检核，应在测量现场及时完成，确认无误后方可迁站。

（6）对于电子水准仪，可采用电子存储方式，必须满足测站限差要求，每日外业结束后，须及时下载、转换数据格式、处理观测数据。

1.6 实习考核

1. 实习纪律

（1）严格遵守国家法律法规，遵守学校有关规章制度。

(2)服从领导，听从指挥，不迟到、不早退、不旷实习、不擅离职守。实习期间非特殊原因，不得请假。特殊情况请假(病假应有医院证明)，三天以内由指导教师批准，三天以上按学校规定程序审批。请假时间原则上不能超过整个实习时间的三分之一。

(3)实习过程中要团结协作、友爱礼貌，切勿酗酒闹事、打架斗殴。

(4)遵守国家保密法律法规的规定，严守测绘成果保密制度。

(5)爱护测量仪器设备，导致仪器严重损坏者需按价赔偿。

(6)注意交通安全，遵守交通规则，防止交通事故的发生。

(7)不得到江、河、湖、水库中游泳。

(8)参照学校作息时间，高温情况下适当调整。

2. 上交成果

实习以小组为单位进行组织，小组应上交的实习成果包括技术设计书和技术总结报告。技术总结报告主要包括技术执行情况、计算成果资料、仪器检验报告、点之记或点位说明、原始记录手簿等。

各小组成员应独立完成首级控制网和加密控制网的数据处理工作。小组个人应上交成果包括个人实习日志和个人实习报告，个人实习报告应包括首级控制网和加密控制网的技术要求及执行情况、数据处理、成果及质量评价等。

3. 实习成绩评定

实习成绩满分为 100 分，由四部分组成：平时表现 $S_平$ 满分 20 分、操作考试 $S_考$ 满分 20 分、实习报告 $S_人$ 满分 40 分，小组成果资料 $S_组$ 满分 20 分。其中，小组成果资料反映了小组集体的贡献，可以进一步根据小组成员的平时表现将小组成果得分折算到小组个人成绩，然后将所有四部分成绩相加便可获得个人总成绩，按表 1-1 划分个人实习成绩等级。一般情况下，优秀占总实习人数的 25%，良好占 45%，中等及以下占 30%。

表 1-1 实习成绩等级划分

等级	成绩/分
优秀	90~100
良好	80~89
中等	70~79
及格	60~69
不及格	<60

第 2 章　控制测量技术设计

技术设计文件是测绘生产的主要技术依据，也是测绘成果(或产品)能否满足工程要求和技术标准的关键因素。控制测量技术设计分为项目设计和专业技术设计。项目设计是对控制测量项目进行综合性整体设计。专业技术设计是对控制测量的技术要求进行设计。它是在项目设计基础上，按照控制测量内容进行的具体设计，是指导控制测量生产的主要技术依据。对于较小的工程项目，通常将项目设计和专业技术设计合并为项目设计。

2.1　技术设计的目的和要求

技术设计的目的是制订切实可行的技术方案，保证测绘成果符合技术标准和满足工程要求，并获得最佳的社会效益和经济效益。因此，每个测绘项目作业前都应进行技术设计。

为了确保技术设计文件满足规定要求的适应性、充分性和有效性，测绘工程项目的技术设计活动应按照策划、设计、评审、验证、审批的程序进行。技术设计应依据设计内容，充分考虑工程的要求，引用适用的国家、行业或地方的相关标准，兼顾社会效益和经济效益；技术设计应采用适用的新技术、新方法和新工艺；技术设计应认真分析和充分利用已有的测绘成果(或产品)资料；设计人员应具备完成有关设计任务的能力，具有相关的专业理论知识和生产实践经验；技术设计的编写应做到内容明确，文字简练，对标准和规范中已有明确规定的，可直接引用；对于作业生产中容易混淆和忽视的问题，应重点描述；技术设计中的名词、术语、公式、符号、代号和计量单位等应与有关规范和标准保持一致。

控制测量的应用范围相当广泛，不同的工程项目对控制网的质量标准(如精度标准、可靠性标准、费用标准等)具有不同的要求，因而技术设计人员应根据工程项目的要求来开展技术设计工作。技术设计方案应先整体、后局部，且顾及长远发展，要根据作业区实际情况，考虑作业单位的现有条件，如人员的技术能力和软硬件配置情况等，从控制网布设的几种可行的技术方案中选出最优方案作为最终施测方案。

2.2 技术设计的主要内容

控制测量技术设计的主要内容是依据《测绘技术设计规定》，充分考虑工程项目的技术要求，结合测区的实际情况，设计出一份符合质量标准、实施合理可行的控制测量方案。技术设计方案既要保证满足工程项目的质量标准，又要做到经济高效，节省人力、物力和时间成本。技术设计工作的好坏直接决定了控制测量成果的性能优劣，在整个控制测量过程中起决定性作用，是指导控制测量工作的重要技术文件。控制测量技术设计包括的具体内容如下所述。

1. 任务概述

任务概述主要说明项目来源和性质，即项目由何单位发包、下达，属于何种性质的项目；介绍工程的目的、作用、任务量和要求、控制网等级（精度）、完成时间、有无特殊要求等，以及在进行技术设计、实际作业和数据处理中所必须要了解的信息。

2. 测区自然地理概况

测区自然地理概况主要介绍测区范围和行政隶属等基本情况，根据项目的具体内容和特点，说明与设计方案或测绘作业有关的测区自然地理概况，内容可包括测区地形概况，地貌特征，气候情况，居民地、道路、水系、植被等要素的分布与主要特征等。

3. 技术依据

技术依据主要介绍工程项目所依据的测量规范、工程规范、行业标准及相关的技术要求等。

4. 已有资料情况

已有资料情况主要介绍测区内及与测区相关地区的现有测绘成果的情况，如已知坐标的控制点、测区地形图等；说明已有资料的数量、形式、施测时间、采用的坐标系统，高程和重力基准，投影方法，资料的主要技术指标和规格，以及资料利用的可能性和利用方案等。

5. 施测方案

施测方案主要介绍测量采用的仪器设备的种类、数量、精度指标、采取的布网方法、精度等级和其他技术指标等；确定观测网的网形，说明测量的主要过程和测量方法。

6. 作业要求

作业要求主要规定选点埋石要求，包括点位选址、标志布设的基本要求，测量标志、标石材料的选取要求，埋设的标石、标志的规格和类型，点之记绘制要求，测量标志保护及其委托保管要求等；对仪器校准或检定的要求；外业观测时的具体操作规程、观测成果记录的内容、技术要求等，包括仪器参数的设置、对中精度、整平精度、天线高的量测方法及精度要求、外业观测的质量控制方法及各项限差要求等。

7. 数据处理方案

数据处理方案主要规定测量和数据处理所需要的应用软件和处理方法等，说明数据处理的具体内容和要求，包括测量成果检查、整理、预处理的内容和要求，数据质量检核的要求，数据处理和平差的方案和要求，规定补测与重测的条件和要求。

8. 提交成果要求

提交成果要求主要规定上交成果及资料的类型、内容和要求。

2.3 技术设计提交的资料

控制测量技术设计完成后应提交如下资料：

（1）技术设计书。技术设计书是一种技术性文件，要求结构严谨、引证确凿、措辞确切、文字通畅、重点突出。其中的数字应符合有效数字的规定，图和表格要规范。提交的技术设计书应具有客观性、规范性、科学性。

（2）控制网设计图，包括水平控制网和高程控制网的网形。在供设计用的地形图上，应用不同颜色及符号标明设计方案的具体网点；标明已知点与未知点的点位及点名，以及起始边、水准联测路线等。设计图上应标明主要交通线、水系、城镇、重要地形地物和图例等。

控制网设计图作为控制测量技术设计的一个重要组成部分，对于范围较大的控制网可以单独提供纸质图件，对于范围较小的控制网也可以将其包含在技术设计书中，与技术设计书一起提供。

第 3 章　GNSS 控制测量

按照先整体后局部、先控制后碎部的原则，首级控制网是建立低等级控制网或进行数字测图等工作的基础，而全球导航卫星系统(global navigation satellite system，GNSS)是建立大范围控制网的一种最常用的技术，本章以 GNSS-E 级网为实例，从控制网设计、外业工作实施、内业数据处理等方面详细阐述首级平面控制网的建立过程。

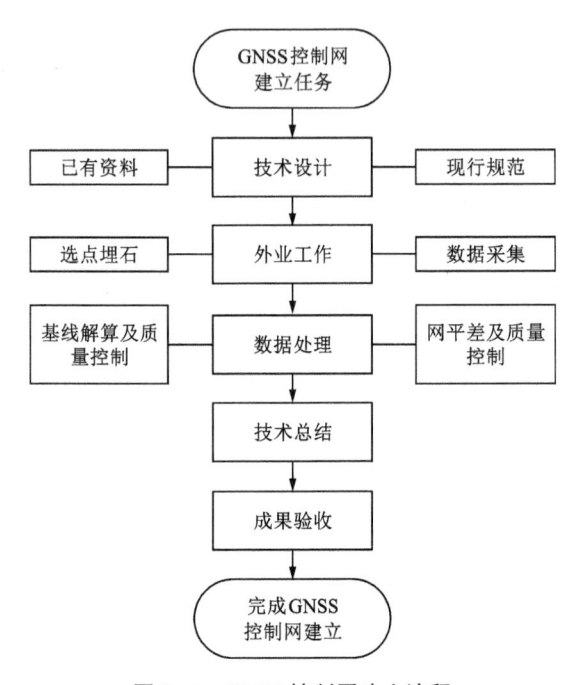

3.1　GNSS 控制网建立流程

GNSS 控制网的建立需遵循一定的原则和流程，主要工作内容包括技术设计、外业工作、数据处理、技术总结和成果验收。GNSS 控制网建立流程如图 3-1 所示。

图 3-1　GNSS 控制网建立流程

1. 技术设计阶段

技术设计阶段的主要工作是项目资料的收集和技术方案的编制。资料收集内容包括收集和整理测区及周边地区各级已知控制点成果和测区地形图等资料;技术方案编制内容包括测区位置及范围、控制网用途及等级、点位分布及数量、成果形式及内容、时限要求等,根据项目要求和相关技术规范进行项目的技术设计,完成项目技术设计书的编写工作。

2. 外业工作阶段

外业工作阶段主要根据技术设计方案,完成控制点的踏勘、选点和埋石以及仪器检验和检定,并根据测区实际情况,按照技术设计确定的方案实施观测作业。

3. 数据处理阶段

数据处理阶段的主要工作为基线解算和网平差,在数据处理过程中应对解算质量加以控制,最终得到控制点在目标坐标系中的精确坐标。

4. 技术总结阶段

技术总结阶段的主要工作是对控制网建立的整个过程及数据处理情况进行全面技术总结,总结在完成测量项目过程中所采用的手段、方法和对最终结果的分析。

5. 成果验收阶段

成果验收阶段的主要工作是由项目甲方或具备资质的专业机构对所提交的成果进行验收。

3.2 GNSS 首级控制网技术设计

GNSS 首级控制网的技术设计是建立 GNSS 控制网的首要工作,它是根据国家现行的 GNSS 测量规范、规程等,针对 GNSS 控制网的精度要求、用途及其他要求,对 GNSS 测量的精度、密度、基准、布设形式、网形及观测作业等所作出的具体规定。

技术设计前,应充分收集有关布网任务与测区的资料,包括测区小比例尺地形图、卫星影像、网络地图、与测区有关的总体规划和近期建设资料,以及已有的各类控制点、连续运行参考站(continuously operating reference stations,CORS)资料等;应全面了解测区情况,特别是交通、通信、供电、气象、地质等情况。

1. 精度和密度设计

各等级 GNSS 控制网网点必须满足一定的精度和密度要求,控制网的精度一般以网中相邻点基线分量中误差来表示,网点密度以相邻点平均距离来表示。本书按照 GNSS-E 级网进行设计,其精度和密度要求如表 3-1 所示。

表 3-1　GNSS-E 级网精度和密度要求

等级	相邻点基线分量中误差		相邻点平均距离/km
	水平分量/mm	垂直分量/mm	
E 级	20	40	3(最大不宜超过 6)

2. 基准设计

GNSS 控制网的基准设计主要是对坐标起算基准进行设计。基准选取的不同将会对网的精度产生直接影响，其中包括 GNSS 控制网基线向量解中的位置基准的选择，以及 GNSS 控制网转换到目标坐标系所需的基准设计。

新布设的 GNSS-E 级网需将附近已有的高等级的 GNSS 点作为基准，并选取不少于 3 个基准点，观测时应与高等级 GNSS 点进行联测。为求得各 GNSS 点正常高，尽可能对新埋点进行水准联测，不能联测的点则以联测点水准作为高程基准，并通过 GNSS 点高程拟合计算其正常高。

3. 网形设计

GNSS 控制网网形设计指建立 GNSS 控制网的观测作业方式，包括网的点数与接收机设站数量的比例关系、观测时段长短、时段数及布网形式等特征。常用的布网形式有跟踪站式、会战式、多基准站式、同步图形扩展式和单基准站式。

小范围控制测量中常采用同步图形扩展式，即多台接收机在不同测站上进行同步观测，在完成一个时段的同步观测后，迁移到其他的测站上进行同步观测，每次同步观测都可以形成一个同步图形。各同步图形间一般有若干个公共点相连，整个 GNSS 控制网由这些同步图形构成，同步图形间连接的方式主要有点连式、边连式、网连式和混连式。

4. 点位设计

根据设计的 GNSS 控制网网形图，结合大比例尺地形图、卫星影像，按照点位数量、密度等要求进行点位设计，确定大致点位。具体点位在外业踏勘过程中视实地情况按照通视要求最终确定。点位设计时要充分利用已有控制点或其他坐标成果。

5. 观测方案设计

观测方案设计主要内容为制订观测作业计划表和观测作业要求。GNSS 外业观测涉及面很广，因而编制观测作业计划是一项复杂的技术管理工作，应考虑以下几个方面因素。①测站因素：网点密度、布网方案、时段分配、重复设站数。②仪器因素：接收机数量，以及同步观测接收机的数量要求。③后勤因素：测区内各时段机组的调度，交通工具和通信设备。④外界因素：测区交通条件和当地季节性天气情况等。作业调度可根据实际情况按平推式、翻转式和伸缩式等方式迁站。

观测方案还需按照控制网等级规范要求，确定 GNSS 设备的选取和外业观测的具体操作要求，如接收机对中整平精度、天线高的量测方法、采样率设置等。

6. 数据处理方案设计

数据处理方案设计主要涉及数据处理软件的选用、基线解算、网平差和高程拟合方案以及数据处理过程中的质量控制方案。

3.3 GNSS 控制网施测

在完成 GNSS 控制网技术设计后即可开展外业施测工作，主要内容包括控制点的选点和标石埋设，以及 GNSS 静态数据采集，在外业工作过程中需遵循相应的规范要求。

3.3.1 GNSS 控制网选点与埋石

1. 选点

选点前，利用测区地形图等已有资料，根据 GNSS 控制网布设要求确定大致站点位置，为保证观测质量，具体点位选择需满足如下基本要求：

(1) 应便于安置接收设备和操作，视野开阔，视场内障碍物的截止高度角不宜超过15°。
(2) 远离大功率无线电发射源（如电视台、电台、微波站等），与它们的距离不小于200 m；远离高压输电线和微波无线电信号传送通道，与它们的距离不应小于 50 m。
(3) 附近不应有强烈反射卫星信号的物体（如大型建筑物等）。
(4) 交通方便，并有利于其他测量手段扩展和联测。
(5) 地面基础稳定，易于标石的长期保存。
(6) 充分利用符合要求的已有控制点，当利用旧点时，应检查旧点的稳定性、可靠性和完好性，符合要求方可利用。
(7) 选站时应尽可能使测站附近的局部环境（地形、地貌、植被等）与周围的大环境保持一致，以减少气象元素的代表性误差。

选点结束后应上交下列资料：

(1) GNSS 控制网选点图。
(2) 选点工作总结。

2. 埋石

参照 GNSS-E 级网建立要求，各网点应埋设标石或标志，且需稳定、易于长期保存。一般采用现浇混凝土方式埋设标石，标石埋设时应嵌入清晰、精细的十字线中心标志，中心标志可用铁或坚硬的复合材料制作。当所选点位为稳定坚硬的水泥地面或岩石时，可使用电钻钻孔后直接嵌入中心标志，并灌制水泥固定。另外，为方便联测精密水准，标志埋设还应满足水准测量要求。

埋石作业时，应在混凝土标石上压印控制点的类别和等级、埋设年份。埋石结束后应上交以下资料：

（1）GNSS 控制点点之记（表 3-2）。
（2）测量标志委托保管书。
（3）标石建造拍摄的照片。
（4）埋石工作总结。

表 3-2　GNSS 控制点点之记

点名		点号		级别		网区	
所在图幅					点位略图		
概略位置	B：　°　′　″	L：　°　′　″	H：　m				
所在地							
最近住所							
供电情况							
电信情况							
地类		土质					
冻土深度		解冻深度					
最近水源					交通路线图		
石子来源							
砂子来源							
交通情况							
					标石断面图		
选点埋石情况							
选点者		选点日期					
埋石者		埋石日期					
单位							
是否需联测坐标与高程							
建议联测等级与方法							

3.3.2　仪器设备选用及检验

GNSS 各等级控制测量对设备性能有不同的要求，观测作业前应保证设备符合基本要求且检验合格。

1. GNSS 设备要求

表 3-3 给出了不同等级 GNSS 控制测量接收机的基本要求，一般选用国产商用 GNSS 测量型接收机即可满足要求。

表 3-3　GNSS 控制测量接收机基本要求

控制网级别	B 级	C 级	D/E 级
频率	双频/全波长	双频/全波长	双频或单频
观测数据类型	L1、L2 载波相位	L1、L2 载波相位	L1 载波相位
同步接收机数/台	≥4	≥3	≥2

2. GNSS 接收机检验

合格的接收机产品在出厂前一般已经通过严格的检验，符合标准精度要求。为保证仪器设备正常，在观测作业前，须进行检验。可观察接收机外观、零部件是否完好，开关机及卫星信号接收与记录是否正常，天线或基座的圆水准器、光学对中器等是否正常。不同类型的 GNSS 接收机参加共同作业时，应在已知基线上进行比对测试，超过相应等级限差时不得使用。

3.3.3　GNSS 外业观测

按照规范对 GNSS 外业观测作出具体规定，如下所述。

1. 基本技术要求

外业观测按静态相对定位模式进行作业，观测基本技术要求如表 3-4 所示。

表 3-4　GNSS-E 级网外业观测基本技术要求

等级	卫星截止高度角/(°)	有效观测卫星数/颗	平均重复设站数/个	时段长度/min	数据采样间隔/s	PDOP 值
E 级	≥15	≥4	≥1.6	≥40	5~15	<6

注：1. 观测时段长度应视点位周围障碍物情况、基线长短而作调整；2. 可不观测气象要素，但应记录雨、晴、阴、云等天气状况。

2. 观测计划

为保证 GNSS 外业观测工作的顺利开展，提高作业效率，在进行 GNSS 外业观测之前，应事先编制详细的观测作业计划表。作业组根据参加作业的 GNSS 接收机台数、控制网网形及交通工具数量等进行计划表的编制，其内容应包括观测时间、测站号、测站名称以及接收机编号等多项内容。

观测阶段可按表 3-5 对作业组下达相应阶段的作业调度命令，同时依照实际作业的进展情况和天气情况，及时作出必要的调整。

表 3-5　GNSS 作业调度表

时段号	观测时间	测站 1 机号	测站 1 观测员	测站 2 机号	测站 2 观测员	测站 3 机号	测站 3 观测员	…	备注
1									
2									
3									
…									

3. 观测准备

观测作业期间要做好各项准备工作。每天出发前应检查电池容量是否充足，仪器及其附件是否携带齐全；作业前应检查接收机内存是否充足；作业员到测站后应先安置好接收机，并使其处于静置状态，然后再安置天线（对中、整平），对中误差应小于 3 mm。

4. 观测作业要求

观测作业过程中应符合下列具体规定：

（1）观测组应严格按调度表规定的时间进行作业，以保证同步观测同一卫星组。当情况有变化需修改调度计划时，应经作业队负责人同意，观测组不得擅自更改计划。

（2）接收机电源电缆和天线应连接无误，接收机预置状态应正确，之后才可启动接收机进行观测。

（3）各观测时段的前后各量取天线高一次，两次量高之差不大于 3 mm。取平均值作为最终天线高，记录在手簿中。若互差超限，应查明原因，提出处理意见，并记入手簿备注栏中。

（4）接收机开始记录数据后，作业员可使用专用功能键选择菜单，查看接收卫星数、电量等情况。

（5）仪器工作正常后，作业员应及时逐项填写测量手簿中各项内容。

（6）一个时段观测过程中不得进行以下操作：关闭接收机以重新启动；进行自测试（发现故障除外）；改变卫星截止高度角；改变数据采样间隔；改变天线位置；触动关闭文件和删除文件等功能键。

（7）观测员在作业期间不得擅自离开测站，并防止仪器受震动和被移动，防止人和其他物体靠近天线,遮挡卫星信号。

(8)接收机在观测过程中不应在接收机近旁使用对讲机或手机等通信设备;雷雨过境时应关机停测,并卸下天线以防雷击。

(9)观测中应保证接收机工作正常,数据记录正确,每日观测结束后,应及时将数据下载到计算机或其他存储介质中,确保观测数据不丢失。

5. 外业观测记录

(1)记录项目应包括下列内容:
①测站名、测站号。
②观测月、日/年积日,天气状况,时段号。
③观测时间:包括开始与结束记录时间,宜采用协调世界时(UTC),填写至时、分。
④接收机设备:包括接收机类型及编号。
⑤天线高:包括测前、测后量得的高度及其平均值,均取至 0.001 m。
(2)记录应符合下列要求:
①原始观测值和记事项目应按规定现场记录,字迹要清楚、整齐、美观,不得涂改、转抄。
②应及时将每天外业观测记录结果录入计算机中进行归档。

6. GNSS 观测数据格式转换及存储

每次观测完成后应及时导出观测数据,检查观测数据的完整性并存储,不得对原始观测数据进行任何剔除与删改。根据需要进行格式转换,现代商用接收机一般可导出厂商自定义数据格式,若选用的数据处理软件为所用接收机厂商配套软件,可不进行数据格式转换,否则须转换为接收机自主交换格式(receiver independent exchange format, RINEX)。

3.3.4　GNSS 静态测量操作

iRTK5 是广州中海达卫星导航技术股份有限公司旗下海星达品牌的一款测量型 GNSS 接收机,支持星站差分、断点续测、无校正倾斜测量,内置 4G 全网通通信和多协议电台。iRTK5 是新一代小型智能北斗实时动态(RTK)测量设备,支持四星三频解算,能够快速精准定位,满足 GNSS 控制测量和 RTK 测量要求。本书以 iRTK5 接收机为例阐述 GNSS 控制网静态测量的操作方法。

1. iRTK5 简介

iRTK5 接收机外观简洁,操作简单,设备主要分为上盖、下盖和前面板三个部分。其中上盖为内置电台天线接口,接收机前面板和下盖如图 3-2 和图 3-3 所示。

(1)接收机前面板。
利用触控显示屏可完成简单的测量设置,如静态测量。指示灯可展示接收机运行状态,功能详细说明如表 3-6 所示。

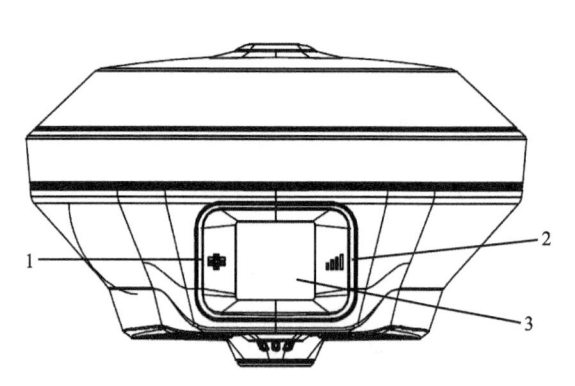

1—卫星灯；2—数据灯；3—触控显示屏。

图 3-2　接收机前面板

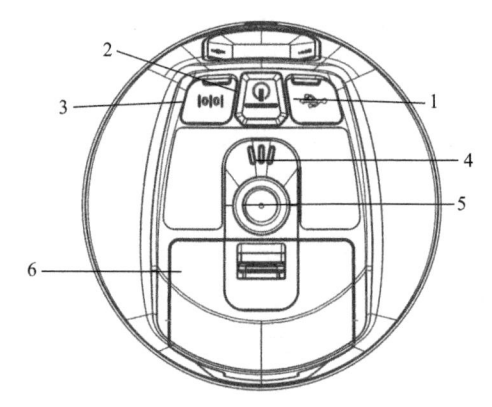

1—USB 接口及防护塞；2—电源灯及按键；
3—五芯插座及防护塞；4—喇叭；
5—连接螺孔；6—电池仓盖。

图 3-3　接收机下盖

表 3-6　指示灯功能详细说明

项目	按键或指示灯	功能或状态
数据灯	闪烁	基准站和移动台：按差分收发频率闪烁 静态模式： 采样间隔>1 s：按采样间隔闪烁 采样间隔≤1 s：固定按 1 s 闪烁
数据灯	常灭	基准站差分未发射，移动台差分未收到；静态未开始采集
卫星灯	常亮	卫星锁定
卫星灯	闪烁	卫星未锁定

（2）接收机下盖。

在观测过程中主要使用的接收机按键功能说明如表 3-7 所示。

表 3-7　按键功能详细说明

功能	详细说明
开机	长按按键 1 s 开机
关机	长按按键≥3 s 关机
液晶显示开关	双击电源键打开或关闭液晶显示
强制关机（主机死机情况下执行）	长按电源键>12 s 后，进行强制关机
查询当前状态	单击电源键，语音播报当前工作状态

2. iRTK5 静态测量操作方法

iRTK5 静态测量操作简单，可通过不同方式完成静态模式设置。

（1）iRTK5 静态测量模式。

iRTK5 提供以下三种方式设置静态工作模式：

①通过接收机液晶界面设置。

②利用手簿进入 Hi-Survey 软件设置。

③通过 WEB 界面的"工作模式"界面设置。

（2）iRTK5 静态测量步骤。

下面采用最简单的液晶界面"静态"设置功能实施静态测量，其余模式操作方法与之类似，具体操作步骤如下：

①在测量点上架设仪器，三脚架须严格对中、整平。

②量取天线高三次，各次间差值不超过 3 mm，取平均数作为最终的天线高。天线高应由测量点标石中心量至仪器的测量基准件的上边处。

③在观测手簿上记录点名、仪器号、仪器高、开始观测时间。

④开机，直接在接收机面板将测量模式设置为静态模式，点击"静态"按钮并设置采样间隔。iRTK5 接收机静态测量不同阶段设置如图 3-4 所示。

(a) 接收机面板　　(b) 设置采样间隔　　(c) 观测中状态　　(d) 停止采集

图 3-4　iRTK5 接收机静态测量不同阶段设置

⑤测量完成后停止采集并关机，记录关机时间。

⑥下载观测数据。用户根据需要通过 USB 或者数据线将静态数据文件下载到电脑上，再用静态后处理软件对数据进行处理。

GNSS 控制网外业观测手簿如表 3-8 所示。

表 3-8　GNSS 控制网外业观测手簿

测站号		测站名		天气状况	
观测员		记录员		观测日期	
接收机名称及编号		天线类型及编号		存储介质编号或数据文件名	
近似经度	° ′ ″	近似纬度	° ′ ″	近似高程	m
预热时间	h　min	开录时间	h　min	结束时间	h　min
天线高/m	测前：		测后：		平均值：
记事					

3.4 GNSS 控制网数据处理

GNSS 控制网数据处理即利用 GNSS 外业观测数据，通过内业数据处理，得到控制点在特定坐标系下精确的三维坐标，主要包含基线解算和网平差两个部分。本节以中海达 HGO 数据处理软件为例，介绍 GNSS 控制网数据处理的方法和实践操作。

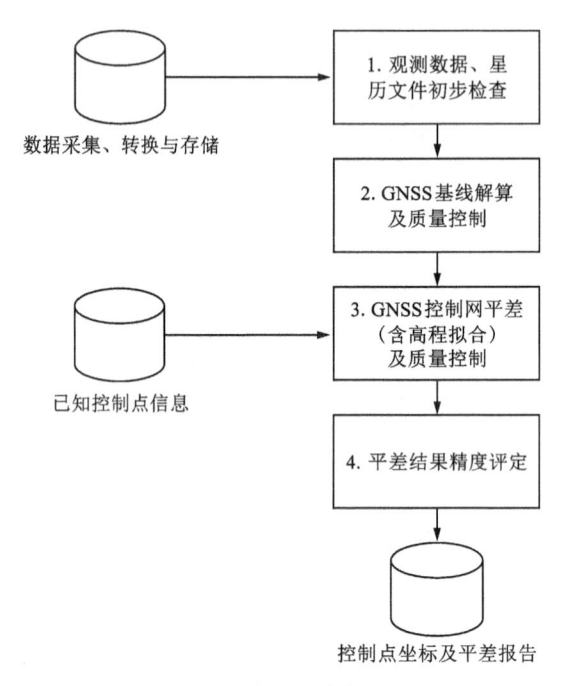

3.4.1 GNSS 控制网数据处理流程

GNSS 控制网数据处理主要涉及四个步骤：①观测数据、星历文件初步检查；②GNSS 基线解算及质量控制；③GNSS 控制网平差(含高程拟合)及质量控制，此过程通常也包括高程拟合；④平差结果精度评定。GNSS 控制网数据处理流程如图 3-5 所示。

图 3-5　GNSS 控制网数据处理流程

3.4.2 GNSS 基线解算

GNSS 基线解算是利用两台及以上接收机采集的同步观测数据，通过相对定位的方法得出任意两台接收机之间的三维坐标差，其作用是为后续网平差提供合格的基线向量。

基线解算的一般过程为观测数据导入、数据检查、参数设置、基线解算、质量控制、获得最终基线解。观测数据质量直接影响基线解算性能，主要受观测环境和观测设备影响，除此之外，还与采用的基线解算模型和基线质量控制方法有关，其中基线解算模型由数据处理软件决定，而基线质量控制需要人工多次干预，因而质量控制过程至关重要。GNSS

基线解算流程如图 3-6 所示。

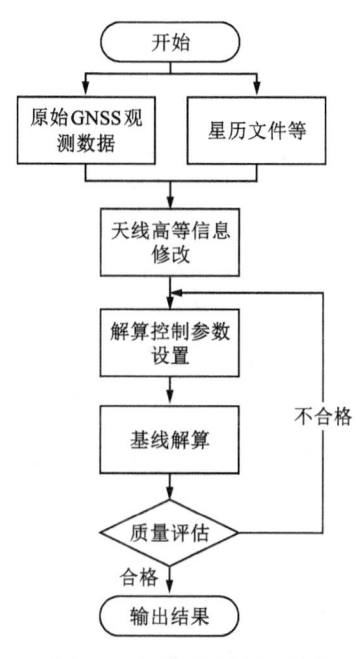

图 3-6　GNSS 基线解算流程

1. 观测数据导入及检查

在基线处理前，首先对外业观测数据的完整性进行检查与整理，建议以年积日为单位整理观测数据，根据需要将原始观测数据格式转换为 RINEX 格式。根据外业观测手簿，核对测站点名、天线高、天线型号等信息的正确性。

2. 基线解算模式

基线解算模式主要有单基线解模式、多基线解模式和整体解模式三种。其中，单基线解模式是一次仅提取两台同步观测接收机数据来求解基线向量，依次逐条解算，该模型较简单；多基线解模式是一次提取同一时段的 n 台同步观测接收机数据来求解基线向量，逐时段进行解算；整体解模式是一次提取整个项目中所有观测数据，同时进行处理，获得所有独立基线解。

在工程运用中，一般采用与接收机配套的商业数据处理软件，大多数商业数据处理软件均采用单基线解模式。

3. 基线解算质量控制方法

基线解算质量控制是基线解算阶段的重要工作，一般需要人工多次干预，反复进行控制，尤其是在观测质量不佳的情况下。基线解算质量控制实际包含两个部分：首先，在解算前采用预先设置的统一的控制参数控制观测数据质量，如截止高度角、对流层和电离层折射的处理方法、周跳阈值等；其次，在执行完一次基线解算后，依据解算得到的统计信息和质量指标判断基线是否合格,对不合格的基线采取一定措施后,再次执行解算,再次执行解算前也可对单条基线设置更为严格的控制参数。数据处理中主要针对解算后的指标参数进行质量控制,依据质量评定结果作出质量改善。

(1)基线质量评定指标。

基线质量评定指标分为控制指标和参考指标,其中控制指标包括重复基线长度较差、同步环闭合差、异步环闭合差等,参考指标包括观测值残差、模糊度解算 Ratio 值和残差均方根(root mean square,RMS)等。控制指标在基线解算质量控制中起决定性作用,是检测基线质量的有力方法。

①重复基线长度较差。

对于不同观测时段,相同的两个测站间的基线就是重复基线,其长度理论上应该相等,不同时段基线结果之间的差异就是重复基线长度较差(简称较差)。根据规范,重复基线长度较差 d_s 应满足式(3-1)要求:

$$d_s \leq 2\sqrt{2}\sigma \tag{3-1}$$

式中:σ 为基线测量中误差,单位为 mm。当较差超限时,表明重复基线中一定存在质量不满足要求的基线。

②同步环闭合差。

同步环闭合差是由同步观测基线所组成的闭合环的闭合差。同步环闭合差在理论上应总是为 0 或一个微小量,可分为分量闭合差和全长相对闭合差。分量闭合差,即

$$\begin{cases} \varepsilon_{\Delta X} = \sum \Delta X \\ \varepsilon_{\Delta Y} = \sum \Delta Y \\ \varepsilon_{\Delta Z} = \sum \Delta Z \end{cases} \tag{3-2}$$

全长相对闭合差,即

$$\varepsilon = \frac{\sqrt{\varepsilon_{\Delta X}^2 + \varepsilon_{\Delta Y}^2 + \varepsilon_{\Delta Z}^2}}{\sum S} \tag{3-3}$$

式中:$\sum S$ 为环长。

如果同步环闭合差超限,则说明组成同步环的基线中至少存在一条基线向量是错误的,但反过来,如果同步环闭合差没有超限,还不能说明组成同步环的所有基线在质量上均合格。

③异步环闭合差。

异步环闭合差是指不是完全由同步观测基线所组成的闭合环的闭合差,也分为分量闭合差和全长相对闭合差。当异步环闭合差不满足限差要求时,则表明组成异步环的基线向量中至少有一条基线向量的质量不合格。若要确定哪些基线向量的质量不合格,则可以通过多个相邻的异步环或重复基线来进行判断。

④观测值残差。

基线解算通过双差的方式进行,基线解算完成后可以得到验后双差。卫星发生周跳或受严重多路径效应影响时,一般会影响观测值残差大小,因此通过双差残差可以判断卫星

对是否发生异常。

⑤Ratio 值。

Ratio 值即整周模糊度解算后，次最小单位权方差与最小单位权方差的比值，即

$$\text{Ratio} = \frac{\sigma_{\text{sec}}}{\sigma_{\min}} \tag{3-4}$$

Ratio 值反映了所确定的整周未知数参数的可靠性，这一指标取决于多种因素，既与观测值的质量有关，也与观测条件的好坏有关，通常情况下，要求 Ratio 值大于 1.8。

⑥RMS。

RMS 为均方根误差，即

$$\text{RMS} = \sqrt{\frac{V^T P V}{n-f}} \tag{3-5}$$

式中：V 为观测值的残差；P 为观测值的权；$n-f$ 为观测值的总数减去未知数个数。

RMS 表明了观测值的质量，RMS 越小，观测值质量越好；反之，表明观测值质量越差。依照数理统计的理论，观测值误差落在±1.96 倍 RMS 的范围内的概率是 95%。

通过以上质量指标判断基线解算是否合格，任一指标不合格时，说明基线解算存在问题，需加以分析并判别具体原因，再通过一定的措施进行人工干预。

（2）基线质量影响因素及应对措施。

①基线起点坐标不准确。

起点坐标不准确会导致基线出现尺度和方向上的偏差，目前还没有较简单的方法来加以判别。因此在实际工作中，只有尽量提高起点坐标的准确度，以避免这种情况的发生。

应对方法：要解决基线起点坐标不准确的问题，可以在进行基线解算时使用坐标准确度较高的点作为基线解算的起点。

②卫星观测时间过短。

卫星的观测时间过短会导致其整周模糊度无法准确固定，同时将影响整个基线处理结果。通过查看卫星的可见性图，便可直观判断是否存在该类问题。

应对方法：若某颗卫星的观测时间太短，则可以删除该卫星的观测数据，不让其参加基线解算，即可提高基线解算结果的质量。

③周跳过多的判别。

整个观测时段中有个别时间段内卫星周跳太多，致使周跳修复不完善，影响基线解算结果。对于周跳太多的情况，可以从解算后的观测值残差来分析，当某颗卫星的观测值中含有未修复的周跳时，所有与此相关的双差观测值的残差都会出现显著的整数倍的增大。

应对方法：若多颗卫星在相同的时间段内经常发生周跳时，则可删除周跳严重的时间段。若只是个别卫星经常发生周跳，则删除该经常发生周跳的卫星观测值。

④多路径效应、对流层或电离层折射影响过大。

观测时段内多路径效应比较严重或大气折射较强时，将影响观测数据质量；卫星截止高度角过低或测站周边存在建筑物、水域等情况下，易产生多路径效应。

对于多路径、对流层或电离层折射影响的判别，也可以通过观测值残差来进行。不过与整周跳变不同的是，当多路径效应严重、对流层或电离层折射影响过大时，观测值残差

不是像周跳未修复那样出现整数倍的增大，而只是出现非整数倍的增大，一般不超过1周，但却又明显地大于正常观测值的残差。

应对方法：由于多路径效应往往造成观测值残差较大，因此可以通过缩小编辑因子的方法来剔除残差较大的观测值，或直接删除多路径效应严重的时间段或卫星。对于对流层或电离层折射影响过大的问题，可以采用增大截止高度角、采用大气延迟模型改正或使用双频观测值的方法。

⑤接收机故障或受电磁波干扰。

接收机本身出现了问题或观测过程中受到了较强的电磁波干扰，均可使数据质量变差。如出现接收机的相位观测精度降低、接收机的时钟不准确等问题，可通过残差来判别和控制。

(3) 补测与重测。

通过质量控制，基线重新解算后仍不合格时，允许舍弃在重复基线长度较差、同步环闭合差、异步环闭合差或附合路线闭合差检验中超限的基线，但应保证舍弃基线后满足闭合环或附合路线的边数不大于10条的要求，否则，应重测该基线有关的同步图形。补测或重测的分析应写入数据处理报告中。

3.4.3 GNSS 控制网平差

利用基线解算得到的合格基线向量进行网平差，网平差的目的主要有三个：①消除由观测量和已知条件中存在的误差引起的 GNSS 网在几何上的不一致，主要包括观测值中存在误差以及数据处理过程中存在模型误差等因素；②通过网平差，得出一系列可用于评估 GNSS 网精度的指标，如观测值改正数、观测值验后方差、观测值单位权方差、相邻点距离中误差、点位中误差等；③确定 GNSS 网中点在指定参照系下的坐标以及其他所需参数的估值。

根据网平差所采用的已知条件数目，可将其分为无约束平差和约束平差，其中无约束平差中所采用的观测量完全为基线向量，不引入任何外部起算数据，约束平差需引入外部坐标或方向等起算数据。

在数据处理中，提取基线向量后，首先进行三维无约束平差，然后进行二维或三维约束平差，其流程图如图 3-7 所示。

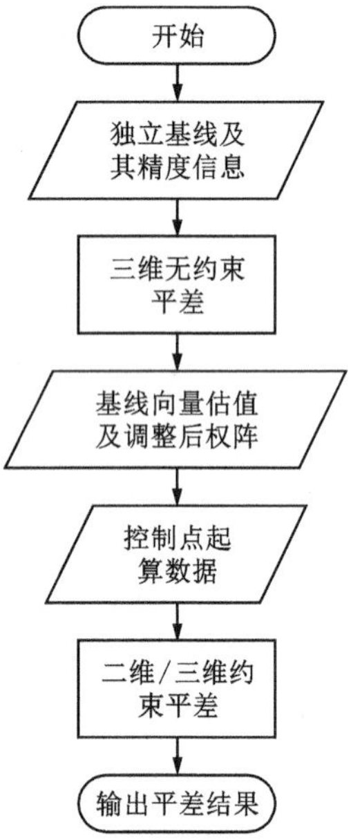

图 3-7 GNSS 网平差流程

1. 独立基线向量提取

在进行网平差前，需提取相互独立的基线向量及其解算得到的方差协方差阵，若提取了相互不独立的基线，则会导致平差精度虚高，因此提取的基线之间应相互独立。提取的独立基线通过"基线向量网"进行系统构建，该过程由数据处理软件自动实现，构成基线向量网的原则还应满足：①基线已进行解算，且质量合格；②基线未被删除或禁用；③基线具有起算点名和推算点名。构成的基线向量网将用于网平差，其中，基线向量为平差网的基本观测值，方差协方差阵作为随机模型定权的依据。

2. 三维无约束平差

完成基线向量构网后，需开展控制网三维无约束平差工作，其主要目的有三个：①相互匹配各基线向量观测值的权值；②通过三维无约束平差的数据，判定网中基线是否存在粗差，对发现包含粗差的基线进行处理，以保证所有构网基线向量满足质量要求；③获得控制点与卫星星历坐标系相同的控制成果。

三维无约束平差过程无须引入任何外部起算数据，但必须选用一个内部位置基准。平差时可采用两种方法确定内部位置基准：①固定网中任意一点作为位置基准；②采用秩亏自由网的方法。由此可以通过改正数检验网的内符合精度，检测网中是否可能存在粗差和系统误差。

3. 约束平差

在三维无约束平差后，需要利用无约束平差过程中经质量控制后最终形成的观测方程及其观测值权阵，并引入已知控制点起算数据作为限制约束条件，在二维或三维空间中进行平差解算。在约束平差过程中，可完成 GNSS 地心地固坐标系坐标至目标坐标系坐标的转换，一般采用七参数模型转换。

在网平差过程中，一般同时进行了高程拟合，高程拟合的原理和方法将在下一节讲解。

4. 网平差精度评定及质量控制

网平差的精度主要通过改正数、中误差以及相应的数理统计结果等来评定。

(1) 基线向量的改正数。

通过基线向量改正数来判断在基线向量中是否存在粗差，一般采用 Tau 粗差检验。若存在粗差，应予以剔除或者重新解算含粗差基线并重新进行网平差。

根据规范，无约束平差基线分量改正数的绝对值应满足：

$$V_{\Delta X} \leqslant 3\sigma, V_{\Delta Y} \leqslant 3\sigma, V_{\Delta Z} \leqslant 3\sigma$$

式中：σ 为相应级别规定的基线精度，若上述指标超限，则基线存在粗差，需要对其进行剔除，直至所有基线符合要求。

在约束平差中，基线分量改正数的较差应满足：

$$dV_{\Delta X} \leqslant 2\sigma, dV_{\Delta Y} \leqslant 2\sigma, dV_{\Delta Z} \leqslant 2\sigma$$

若上述指标不合格，则认定约束条件中存在误差较大的值，应当去除这些误差较大的约束值，直至符合要求。

(2) 单位权中误差。

采用 χ^2 检验对验前和验后的单位权方差进行检验，判断平差前后单位权方差的一致性。χ^2 检验的结果显示了平差结果的可靠性，如果 χ^2 检验值小于理论值范围，说明平差结果的误差比理论误差小，此时一般不需处理或者通过选取适当的基线标准差置信度来使 χ^2 检验通过；如果大于理论值范围，说明平差结果误差超过容许范围，可能是基线的解算结果误差过大或者控制点信息存在粗差造成的，须查找问题基线或者控制点，修正后再次进行解算。

(3) 相邻点中误差以及相对中误差。

通过相邻点中误差来判断网平差精度，看其是否满足规定的要求，若不满足则应当按情况进行处理，如果发现个别的起算数据存在质量不合格，必须放弃质量不合格的起算数据。

3.4.4 GNSS 高程拟合

将 GNSS 大地高转换为正常高的过程称为 GNSS 高程转换，该转换可通过似大地水准面模型或联测水准的方式实现。而 GNSS 高程拟合是指将 GNSS 测量的大地高，借助联测水准点求取的高程异常转换为正常高，从而代替水准测量，因而 GNSS 高程拟合是 GNSS 高程转换的手段之一。

1. 几个高程相关的概念

(1) 大地高。

大地高的基准面为参考椭球面，大地高取决于对特定椭球的定义，某一地面点相对于不同椭球面所对应的大地高程不会相同，大地高示意图如图 3-8 所示。通过 GNSS 技术可以定位出地面 GNSS 点的大地高，不同的 GNSS 系统采用不同的参考坐标系，例如由 GPS 系统得到的大地高就是该测点沿法线方向至 WGS-84 椭球面的距离，一般用 H 表示。大地高仅具有纯粹的几何意义，与重力场无关，不具有物理意义。

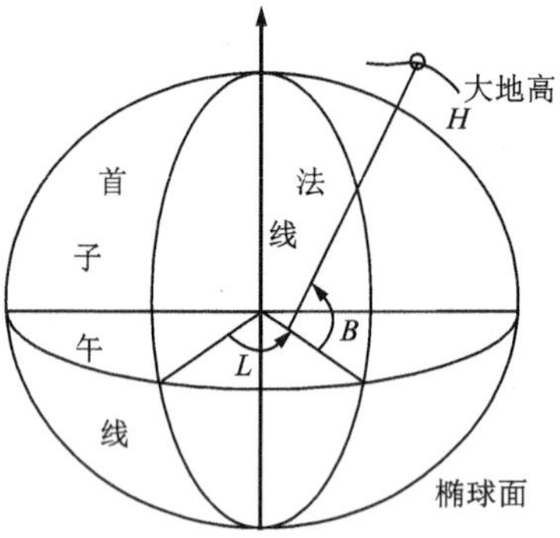

(2) 正高。

正高的基准面为大地水准面，其意义为该点沿铅垂线方向到大地水准面之间的距离。大地水准面是以大量验潮数据为基础建立起来的假想平均海水面，因而正高系统具有重要的物理与几何意义，在工程建设领域具有广泛的应用。

图 3-8 大地高示意图

大地水准面为一重力场等位面，其重力平均值会随深度变化，再加上地球内部质量的不均匀，从而无法做到准确的测定。因此，正高系统是一个理想化的模型，不具有实际操作性。

由参考椭球面法线方向量测到大地水准面上的距离称为大地水准面差距，用符号 N 表示。

(3) 正常高。

正常高的基准面是似大地水准面，从地面上各点沿铅垂线向下截去该点的正常高后，所形成得到一个封闭曲面，即被称为似大地水准面。其在海洋上与大地水准面可以很好地重合，在陆地上也只存在非常小的差距。

因各点的正常高能够严格求得，其又与正高相差不大，故具有广泛的应用价值。我国采用的 1985 国家高程基准属于正常高系统。

沿正常重力线方向，由似大地水准面上的点量测到参考椭球面的距离称为高程异常，用符号 ζ 表示。

上述各类高程系统示意图如图 3-9 所示。

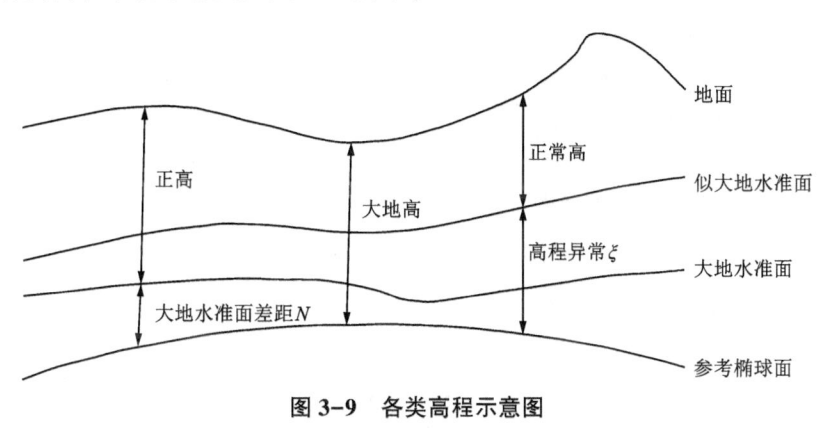

图 3-9　各类高程示意图

2. 高程拟合的原理

GNSS 采用的是大地高系统，而我国目前采用的高程系统是正常高系统，两者之差即为高程异常 ζ：

$$\zeta = H - H_g \tag{3-6}$$

式中：H_g 为水准测量的正常高；H 为 GNSS 测量的大地高。

GNSS 高程拟合也称几何内插法，其基本原理是针对一些既进行了 GNSS 观测又进行了水准观测的点，通过计算这些点的高程异常，采用平面或曲面拟合、配置、三次样条等内插方法，得到其他点上的高程异常，再加上 GNSS 测得的大地高即可得到所有未知点的正常高。GNSS 高程拟合技术路线如图 3-10 所示。

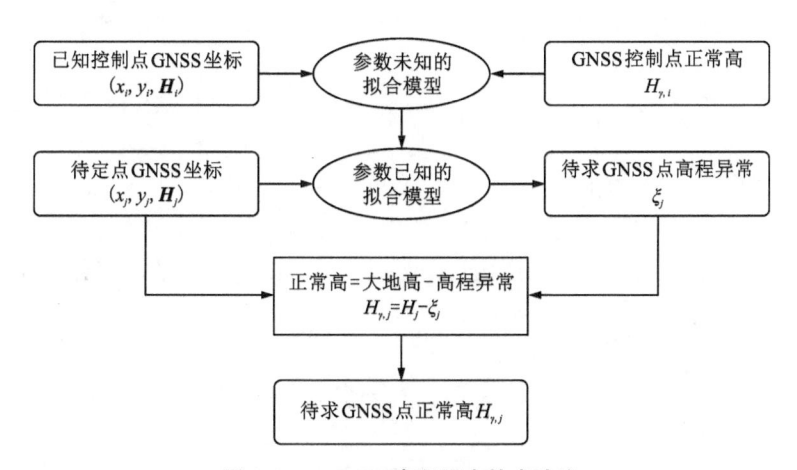

图 3-10　GNSS 高程拟合技术路线

高程拟合可采用多种拟合模型或进行分段拟合。常用的拟合模型如下所述。

(1)多项式拟合模型。

常用的 GNSS 高程拟合方法为多项式拟合,在进行多项式拟合时,可采用不同的阶次。二次多项式拟合即二次曲面拟合,其基本公式为:

$$\zeta = a_0 + a_1 x + a_2 y + a_3 x^2 + a_4 y^2 + a_5 xy \tag{3-7}$$

式中:a_0,a_1,a_2,a_3,a_4,a_5 为曲面函数各项系数;(x,y) 为平面坐标。在高程异常已知的条件下,如果测区内有多于 6 个控制点,则可通过最小二乘法求定模型的拟合系数,得到其他未知点的高程异常。

上述模型也可简化为一次多项式(平面拟合),一次多项式拟合至少需要 3 个控制点,其基本公式为:

$$\zeta = a_0 + a_1 x + a_2 y \tag{3-8}$$

或零次多项式(固定差改正),该拟合至少需要 1 个控制点,其基本公式为:

$$\zeta = a_0 \tag{3-9}$$

对于一些特殊区域,如狭长道路、河流沿线的高程拟合,宜采用分段拟合。

(2)移动曲面拟合模型。

移动曲面拟合模型是采用局部逼近的做法,利用待求点到周围已知高程异常点间的距离来定义权函数进行加权估计,进而得到未知点的高程值。设局部区域对应的曲面为二次曲面,根据二次曲面法的原理可以确定局部区域内的曲面函数关系。其数学表达式为:

$$\zeta = f(x, y) + \varepsilon \tag{3-10}$$

式中:$f(x, y)$ 为二次曲面函数;ε 为残差。

多项式曲面拟合模型和加权平均拟合模型是移动曲面模型的基础,移动曲面模型包含了加权平均拟合局部适应性强的特点及多项式曲面拟合的整体性较好的特点,是一种提高 GNSS 高程拟合精度的有效方法。

(3)多面函数模型。

多面函数模型从几何观点出发,认为"任何数学表面和任何不规则的圆滑表面,总可以利用一系列的有规则的数学表面的叠加来逼近"。根据这一基本思想,高程异常函数可表示为:

$$\zeta_i = \sum_{i=1}^{m} \beta_i Q(x, y, x_i, y_i) \tag{3-11}$$

式中:β 为模型系数;Q 为核函数。

在确定核函数和平滑因子之后,根据区域内已联测的 GNSS 水准点的高程异常,利用最小二乘平差原理,求出核函数的系数,进而拟合区域内待求点的高程异常。

3. 高程拟合的精度评定

GNSS 高程拟合的精度评定主要采用内符合精度和外符合精度。

(1)内符合精度。

内符合精度直接根据参与拟合计算已知点的实际高程异常值 ζ_i 与拟合的高程异常值或利用似大地水准面求得的 ζ_i' 进行比较,并用 $v_i = \zeta_i - \zeta_i'$ 来定义拟合残差,内符合精度评定公式如下:

$$\mu_1 = \pm \sqrt{\frac{[vv]}{(n-1)}} \qquad (3-12)$$

(2)外符合精度。

外符合精度根据未参与拟合计算的点的已知高程异常值 ζ_i 与拟合的高程异常值或利用似大地水准面求得的 ζ_i' 进行比较，并用 $u_i = \zeta_i - \zeta_i'$ 来定义拟合残差，外符合精度评定公式如下：

$$\mu_2 = \pm \sqrt{\frac{[uu]}{(n-1)}} \qquad (3-13)$$

4. GNSS 高程拟合质量控制

GNSS 高程拟合的精度主要取决于大地高的精度、联测水准点的精度以及高程拟合模型的选取。

(1)大地高的精度。

大地高测定的精度是影响 GNSS 水准精度的主要因素之一，要提高 GNSS 高程拟合的精度，必须有效地提高大地高测定的精度，其措施主要在于 GNSS 控制网观测、基线解算和网平差全过程，此处不再赘述。

(2)联测水准点的精度。

联测水准点的高程精度本身也会影响拟合精度，因此高程拟合需要高精度的水准高程。另外，联测的水准点应均匀分布于 GNSS 所控制的整个测区，这一点尤为重要，待定点高程精度在很大程度上取决于已知点的分布状况。在进行 GNSS 高程拟合时，已知点要尽量均匀地分布于整个测区，并具有一定的代表性。当已知点均匀分布于整个测区时，待定点精度高。

(3)高程拟合模型的选取。

常用的高程拟合模型有固定差改正、平面拟合和二次曲面拟合等，不同的模型适用于不同的测区范围和控制点分布情况。若整个测区比较大，可以考虑以分区的方法进行高程转换，但分区的标准比较模糊，使得实际操作有一定的难度。更为合理的方法是采用移动模型，即通过转换点周围一定区域内的已知点来建立模型，转换点的位置变了，模型的参数也跟着变。

3.4.5 控制网数据处理操作

HGO(Hi-Target Geomatics Office)软件全名为"HGO 数据处理软件包"，是中海达公司推出的一款 GNSS 静态解算软件，截至目前已更新至 v2.0.5 版本。该软件可用于高精度测量用户的基线数据处理、网平差和坐标转换。本节以该软件为例，阐述 GNSS 控制网数据处理的流程与操作方法。

软件的功能及特点包括：

(1)该软件支持 GPS、GLONASS、BDS 和 Galileo 多系统解算，支持静态、动态(走走停停，后处理 RTK)等多种作业模式。

(2)全新第二代基线处理引擎，能够解算超长时间的静态数据，并能智能剔除粗差数据，用户处理基线操作简单。

（3）全新的网平差模块，能进行 WGS-84 系统下约束平差、地方独立坐标系约束平差等工作。

（4）全新的用户界面设计，操作控件按照 GNSS 控制网数据处理整个流程分布排列，用户体验良好。

（5）配套完整的辅助工具，包括 RINEX 转换和合并工具、坐标转换软件、精密星历下载软件等。

通过开始菜单或直接进入程序目录运行 HGO.EXE，就可以进入 HGO 数据处理软件包的主程序。HGO 软件界面由菜单栏、工具栏、导航区和工作区等组成。HGO 软件主界面如图 3-11 所示。

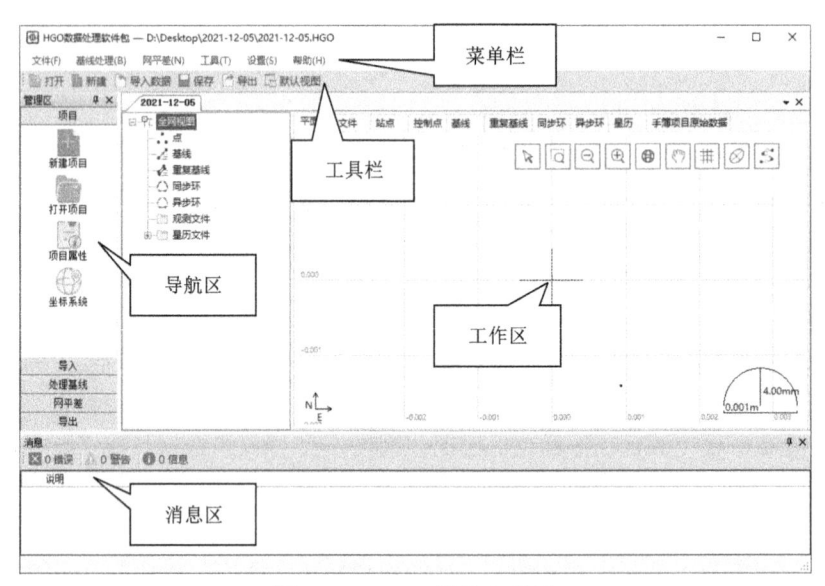

图 3-11　HGO 软件主界面

（1）菜单栏。

程序的主菜单由文件、基线处理、网平差、工具、设置、帮助组成。每个菜单项都有对应的 Windows 快捷键。通过菜单栏提供的操作能完成大部分数据处理工作，覆盖了主要处理流程和步骤。HGO 菜单栏如图 3-12 所示。

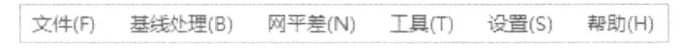

图 3-12　HGO 菜单栏

（2）工具栏。

通过主程序的工具栏，可以直接执行一些常用功能，能加快软件的执行速度。工具栏包括打开、新建、导入数据、保存、导出、默认视图。HGO 工具栏如图 3-13 所示。

图 3-13　HGO 工具栏

(3)导航区。

导航区是菜单栏的快捷入口,按照数据处理各个步骤先后顺序排列,提升操作流畅度。根据用户习惯,可以显示和隐藏该区域,用于节省用户界面或加速操作。HGO 导航区如图 3-14 所示。

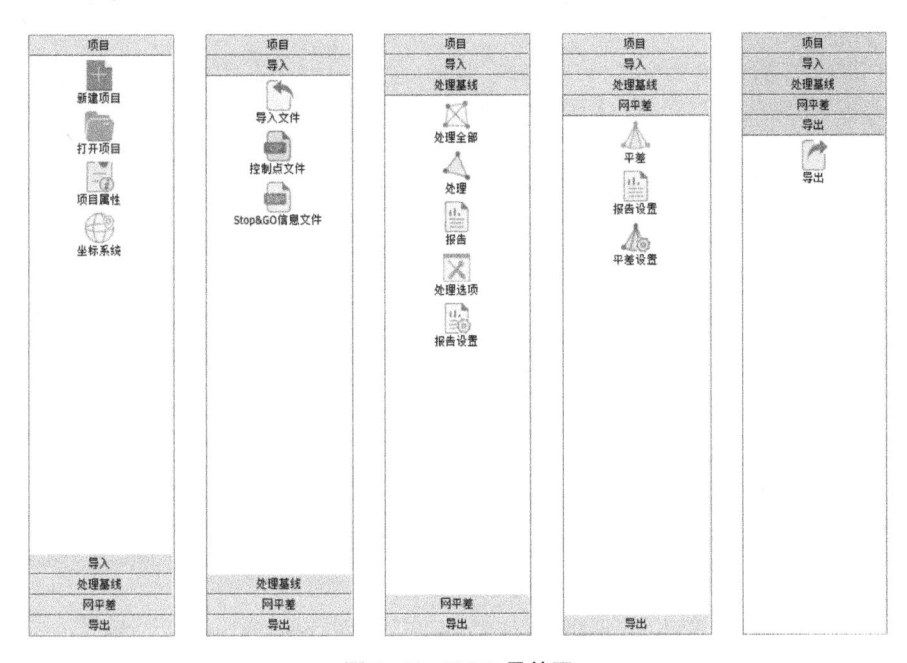

图 3-14 HGO 导航区

(4)工作区。

工作区可分为平面图、基线、重复基线、同步环、异步环、文件、站点、控制点、星历等多信息展示和操作平台。HGO 工作区如图 3-15 所示。

图 3-15 HGO 工作区

以下结合 HGO 软件,介绍 GNSS 控制网数据处理的操作方法。

1. 项目建立

在处理 GNSS 控制网数据时，首先按照控制网等级要求建立项目或打开已有项目，项目建立后，仍可对项目属性参数进行修改。

(1)新建项目。

执行主程序，启动后处理软件。选择『项目』菜单的【新建项目】进入任务设置窗口。在"项目名称"中输入项目名称，软件默认按创建日期命名，同时可以选择项目存放的文件夹，"工作目录"中显示的是现有项目文件的路径，点击【确定】完成新项目的创建工作。新建项目可按图 3-16 中的步骤①和②进行操作。

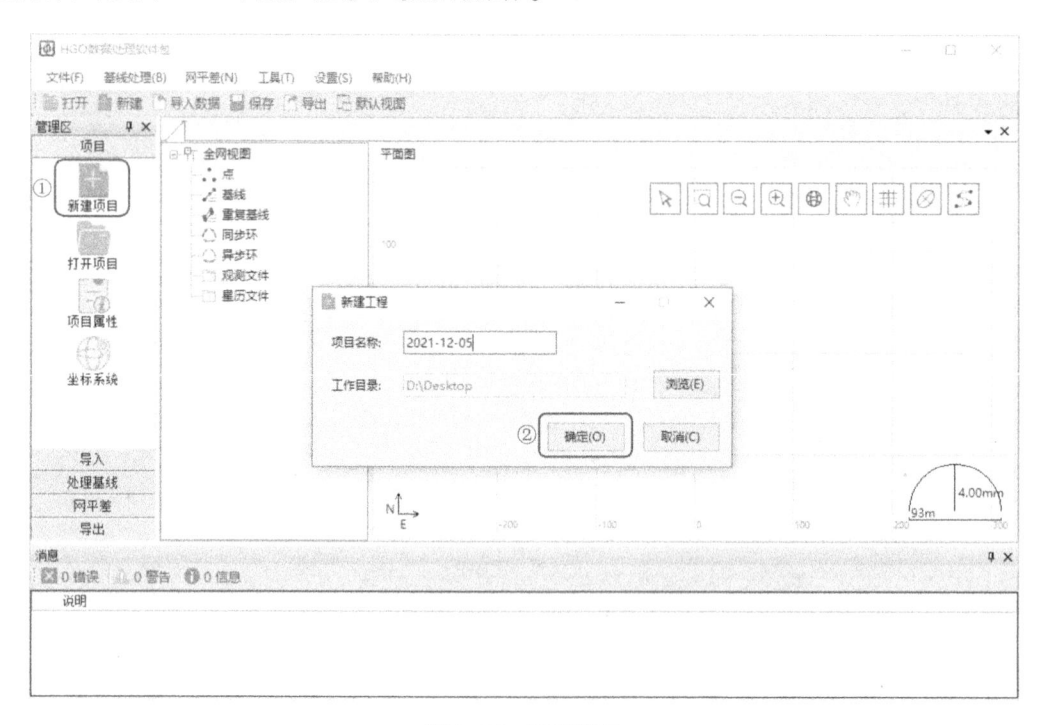

图 3-16　新建项目

(2)项目属性修改。

设置好项目名称和工作目录后，系统将自动弹出项目属性设置对话框，用户可以设置项目的细节。这里主要是根据控制网等级选择测量规范，并对限差项进行设置。项目属性设置如图 3-17 所示。

(3)坐标系统设置。

选择『项目』菜单的【坐标系统】，或者在导航区直接打开坐标系统。系统将弹出坐标系统设置对话框，这里主要是对当地参考椭球和投影方法及参数进行设置。在现行标准下，国内用户选择的坐标系椭球一般为 CGCS2000，具体视情况而定，用户需要专门设置投影的中央子午线、北向和东向加常数等。其余参数采用软件默认值，最后点击【确定】即可。坐标系统设置如图 3-18 所示。

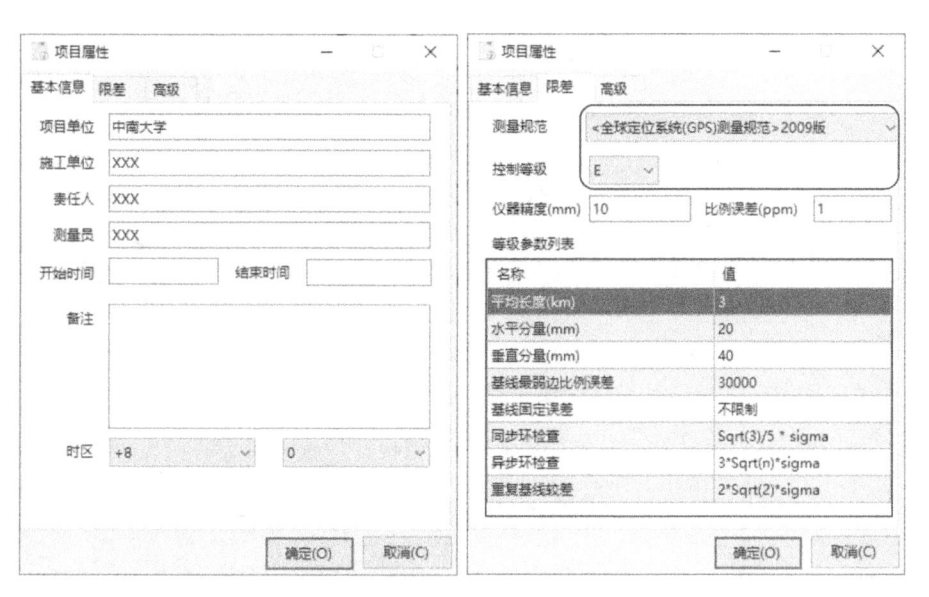

图 3-17 项目属性设置

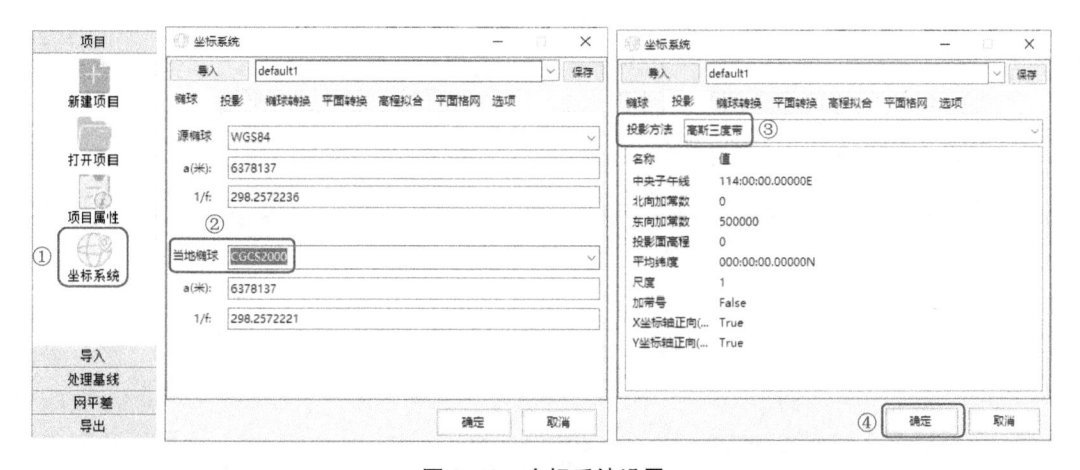

图 3-18 坐标系统设置

2. GNSS 数据导入

建立项目并配置好处理参数后,第二步导入 GNSS 观测数据和已知控制点已知数据文件。

(1)导入观测数据。

选择『导入』菜单的【导入文件】,在弹出的对话框中选择需要加载的数据类型,点击【导入文件】或者【导入目录】,进入文件选择对话框,选择观测数据和星历。导入文件如图 3-19 所示。

导入文件后,软件自动形成基线、同步环、异步环、重复基线等信息,显示窗口如图 3-20 所示。

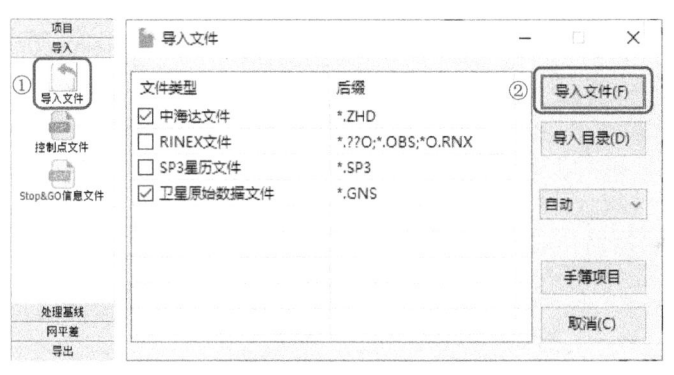

图 3-19 导入文件

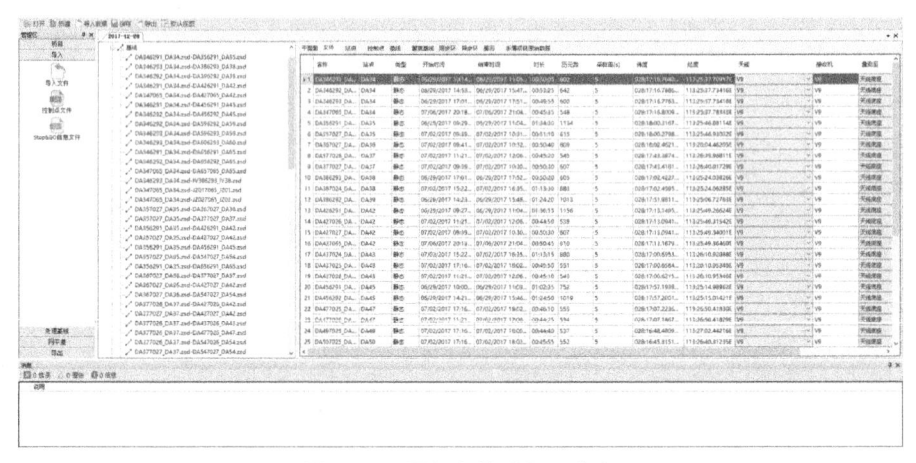

图 3-20 导入文件后显示内容

当数据加载完成后，系统会显示所有的文件，点击中间的树形目录中的【观测文件】，并将右边工作区选项卡切换为【文件】，即可查看详细的文件列表。双击某一行，即可弹出编辑界面，观测文件界面如图 3-21 所示。这里主要是为了确定天线高（仪器高）、接收机类型、天线类型。按照相同方法完成所有文件信息的录入或编辑。用户也可以在文件列表处理中直接修改点名、天线类型和天线高等信息。

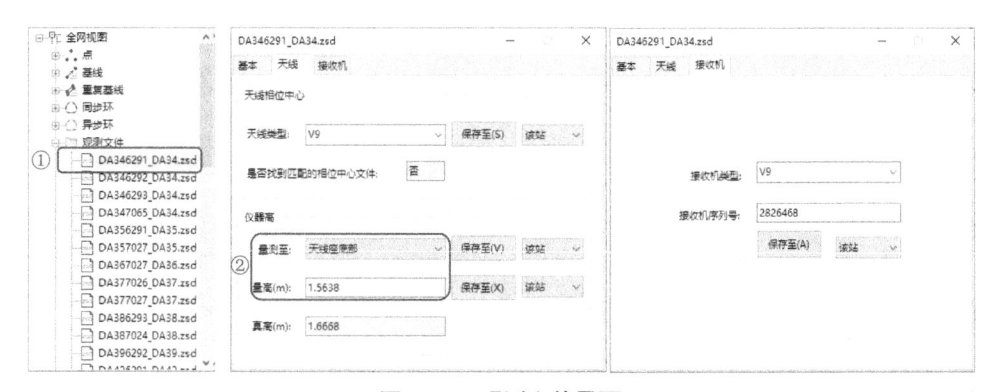

图 3-21 观测文件界面

选中某个文件后,在工作区可查看该观测文件单点定位与质检结果(图3-22)、观测值质量统计指标(多路径、周跳比等),并可输出报告,以及观测序列和卫星图(图3-23),这些信息可作为观测质量判断的依据。

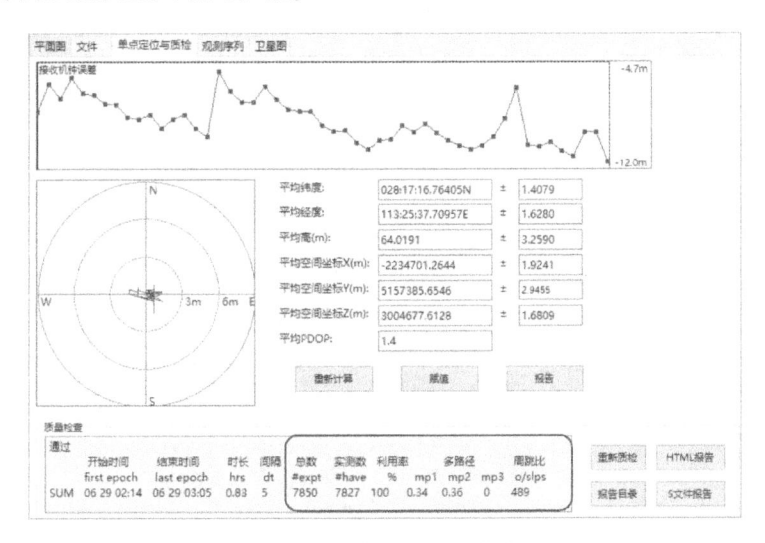

图 3-22　单点定位与质检结果

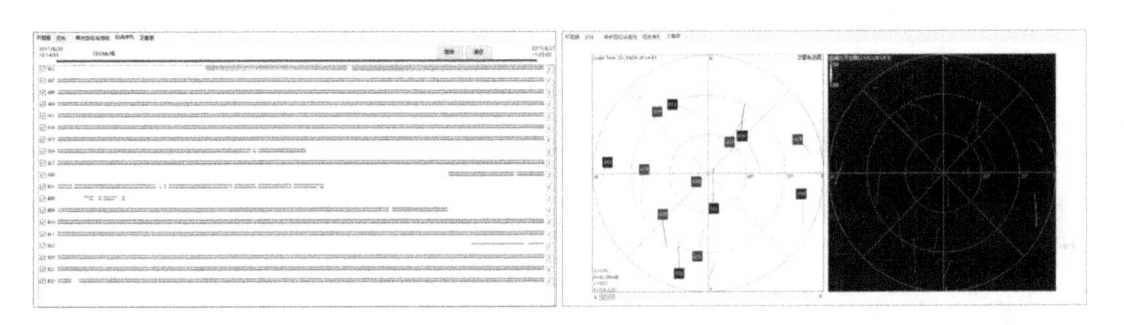

图 3-23　观测序列和卫星图

(2)导入控制点已知数据。

导入观测数据完成后,接着导入控制点已知数据,也可在基线解算完成后、网平差前导入。HGO 可以通过以下几种方法录入控制点信息:

①在『导入』菜单或控制点列表的右键菜单中,点击【导入控制点文件】,直接将已有的控制点文件导入项目中,如图 3-24 所示(左图)。

②在控制点列表的右键菜单中,点击【新建控制点】加入控制点信息,如图 3-24 所示(右图)。

③在站点列表的右键菜单中,点击【转为控制点】将站点转为控制点。

在控制点信息输入完成后,可通过点击控制点右键菜单中的【保存为控制点文件】,将此次录入的控制点信息保存为单独的文件,供下次使用,如图 3-25 所示。

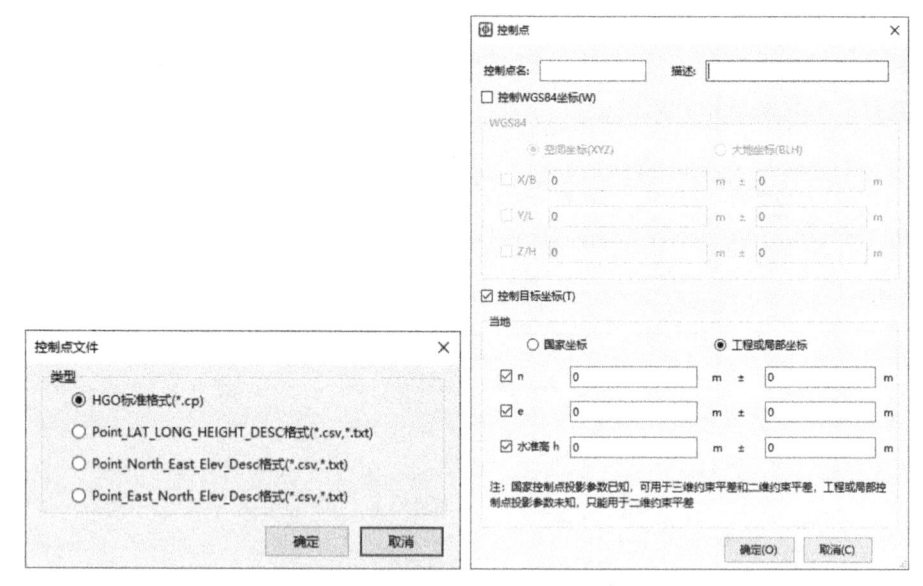

图 3-24　导入控制点文件或新建控制点

图 3-25　控制点

3. 控制网基线解算

导入观测数据和控制点文件后，开始执行基线处理，可处理单条基线或全部基线。基线处理的一般过程为【处理选项】→【处理全部】→【报告】。基线处理流程如图 3-26 所示。

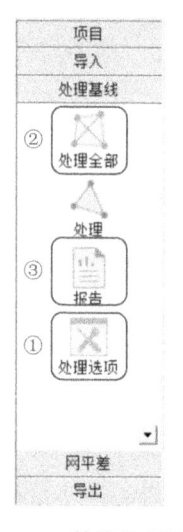

图 3-26　基线处理流程

在执行处理前，首先点击【处理选项】设置处理参数，此过程需注意截止高度角、卫星系统等参数的设置。基线处理选项设置如图3-27所示。首次进行基线解算时，一般设置统一参数并处理全部，在解算后的质量控制阶段，也可对某条基线单独设置参数并单独执行基线处理。

图3-27 基线处理选项设置

(1)执行基线处理。

做好上述准备后，执行『基线处理』菜单下的【处理全部】，程序开始依次逐条处理全部基线并弹出信息对话框。

在对话框中分别列出了各条解算基线的名称、基线解算的进度以及各条基线解算的信息，如图3-28所示。基线解算是以多线程方式在后台运行的。在运行过程中，可选择【取消】，从而停止基线的解算。在消息区会显示基线处理过程信息，单击某条信息就可以在列表中显示对应基线。

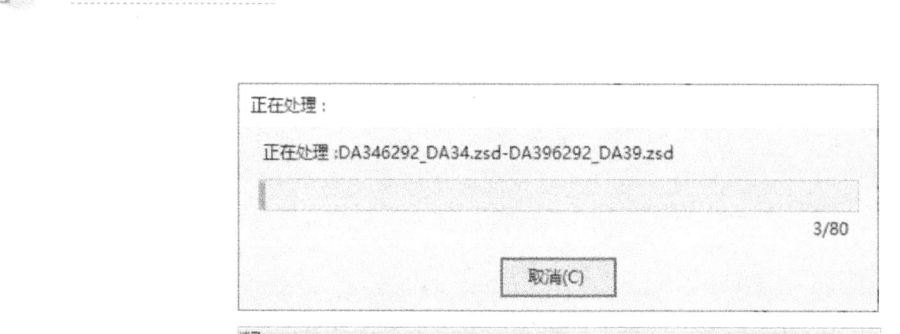

图 3-28 执行基线处理及状态信息

(2) 查看基线解算结果。

基线解算完后，将在计算窗口得到基线解的结果，以及重复基线、同步环和异步环等质量情况，如图 3-29 所示。

图 3-29 基线解结果

基线解的处理结果还可以通过点击【基线处理】中的【报告】，设置基线报告输出内容，如图 3-30 所示，最终生成基线解算结果，如图 3-31 所示。

(3) 基线解算质量及其控制。

基线解算后，可以通过 Ratio、RMS、点位精度这几个质量指标来衡量基线解算的质量。对于不符合要求的基线，利用残差图进行基线精化。在基线解算时，经常要判断影响

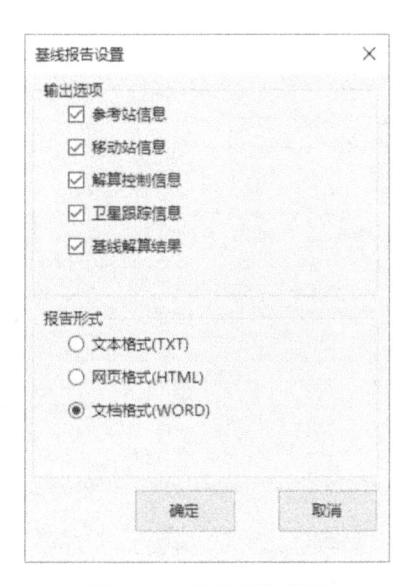

图 3-30 基线报告设置

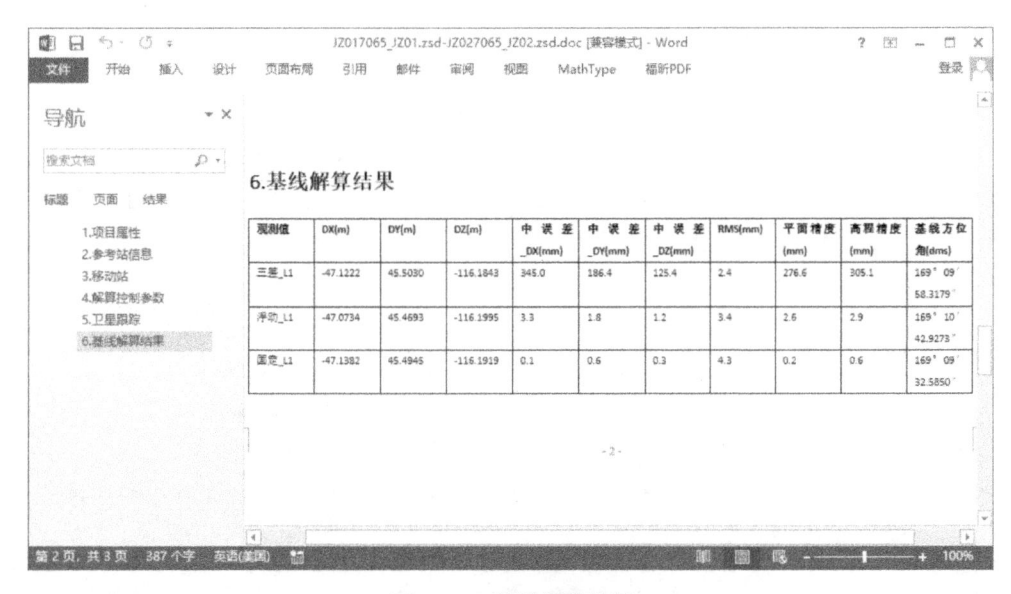

图 3-31 基线解算结果

基线解算结果质量的因素，或需要确定哪颗卫星或哪个时段的观测值质量有问题，残差图对于完成这些工作非常有用。图 3-32 是一种常见双差观测值残差图的形式，它的横轴表示观测时间，纵轴表示观测值的残差。

当判明了影响基线质量的原因后，可以通过修改基线处理设置或编辑基线时段来重新处理某条基线。在观测数据图中，按住鼠标左键并拖动鼠标，可以选择被删除的数据，虚线框中的数据将被屏蔽，不被软件处理，恢复前一步操作点击【撤销】，取消全部屏蔽点击【清空】。基线质量控制操作如图 3-33 所示。

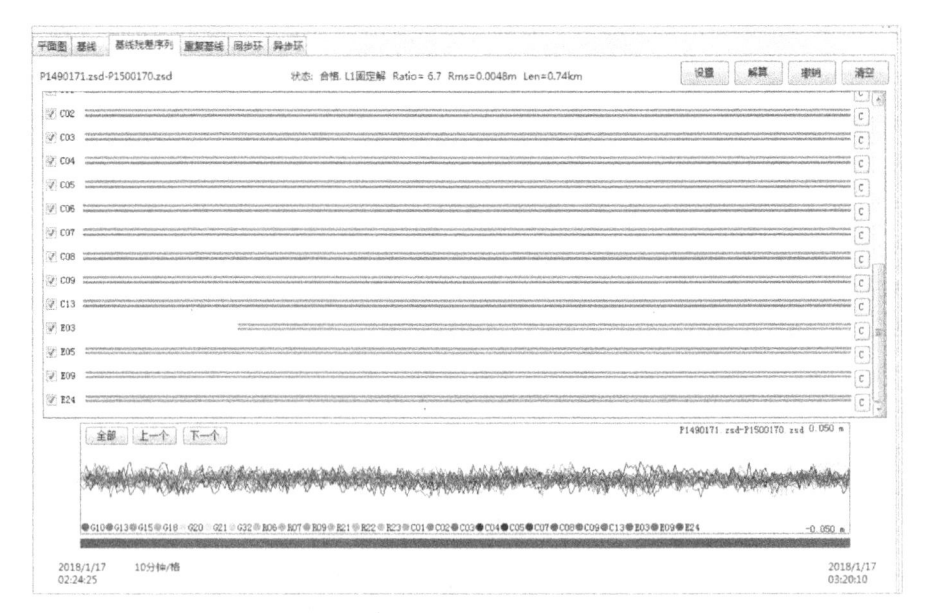

图 3-32 双差观测值残差图

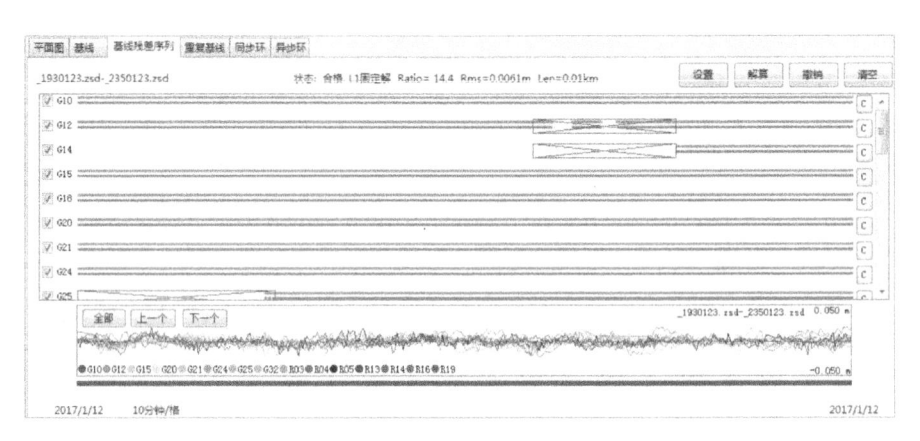

图 3-33 基线质量控制操作

在基线测量中,当发现会有基线处理不合格的情况,可能需要多次修改基线处理设置或编辑时段,即使这样,可能还会出现基线不能求得合格解的情况,此时,需要使这条基线不参与网平差或将其删除,如这条基线在控制网中是必不可少的,则需要重测这条基线。

通过基线质量控制,使所有质量指标符合要求后,便完成了基线解算工作。

4. 控制网平差

基线向量处理完成后方可进行控制网平差工作。HGO 软件能实现自由网平差、三维约束平差、二维约束平差与高程拟合等功能。使用 HGO 软件进行网平差的基本步骤如下:

(1) 前期的准备工作,这部分是用户进行的,即在网平差之前,需要进行坐标系的设置、加载控制点信息。

(2) 执行网平差，这部分是软件自动完成的。

(3) 对处理结果的质量分析与控制，这部分也需要用户进行分析和处理。

在使用软件进行网平差过程中，需要用户反复干预，判断成果是否达到要求，不符合要求时应采取相应措施并进行多次解算。HGO 软件网平差过程如图 3-34 所示。

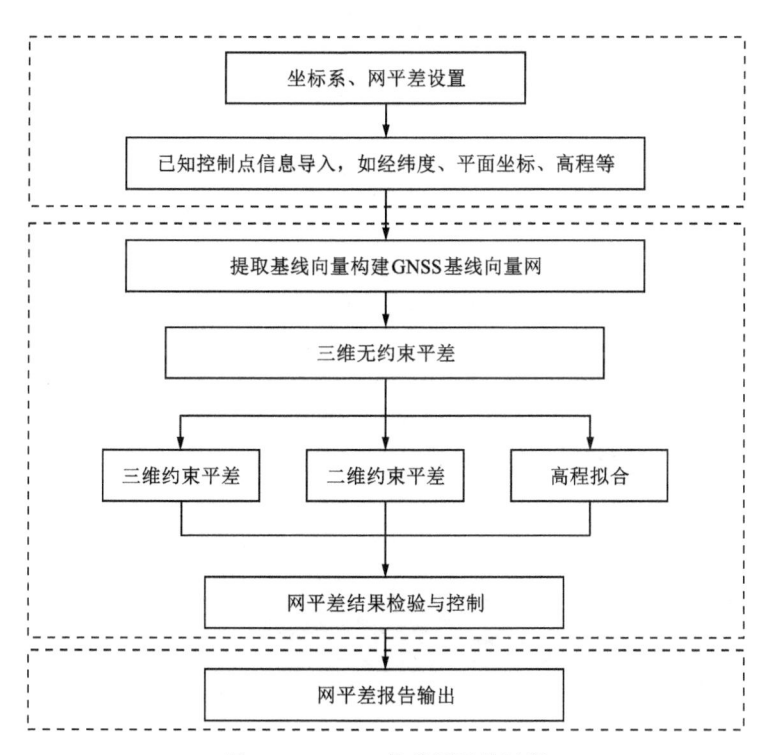

图 3-34　HGO 软件网平差过程

(1) 坐标系设置。

在进行网平差设置之前，应检查坐标系的设置是否正确。在建立新项目时，用户通常已经输入了坐标系参数，在进行网平差之前再次进行坐标系的设置，是为了进一步检查坐标系参数，确保无误。

(2) 网平差的设置。

在『网平差』菜单下选择【平差设置】，将出现如图 3-35 所示的对话框，该对话框可对各种平差的模型参数、检验参数以及定权方式等进行设置。

(3) 控制点信息导入。

在进行了网平差的设置后，需要导入控制点信息，否则无法进行约束平差，若此前已导入控制点信息，则无须再次导入。

(4) 进行网平差。

在『网平差』菜单下选择【平差】，将出现网平差界面，如图 3-36 所示。

通常只需要点击【全自动平差】，并选择约束平差的对象为"目标坐标系"，软件即可

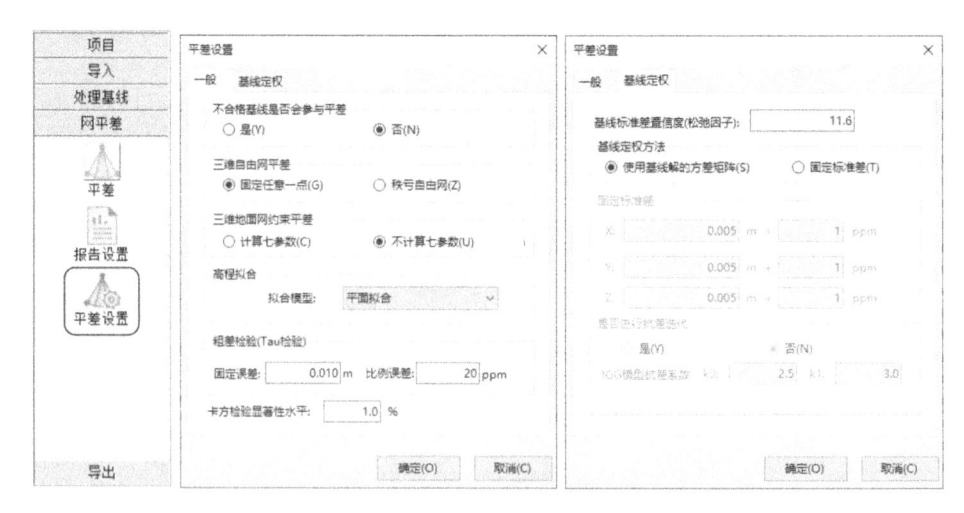

图 3-35 平差设置

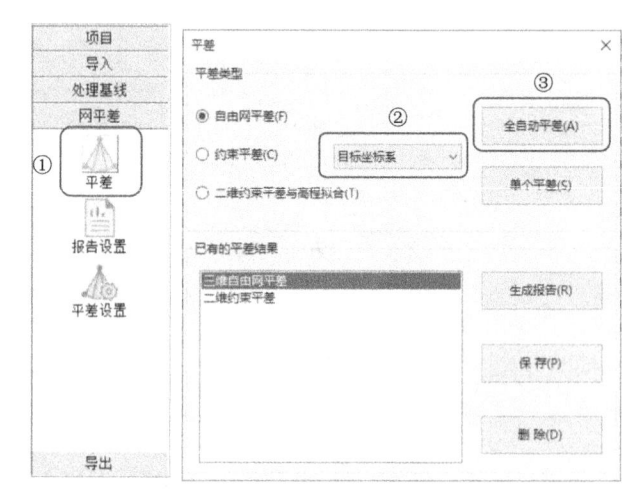

图 3-36 平差

根据现有条件，分别进行自由网平差、约束平差和高程拟合。平差完成后，会形成平差结果列表，选中某个平差结果，再点击生成报告，即可查看相应的平差报告。

平差的结果将反映在报告中，平差报告的输出选项和显示形式可在【报告设置】中进行设置，如图 3-37 所示。

以自由网平差为例，得到的网页版平差报告如图 3-38 所示。

(5) 网平差结果的检验。

在网平差结束后，通过 χ^2 检验和 Tau 粗差检验等数理统计指标来检查结果，如图 3-39 所示。如果 χ^2 检验值小于理论值范围，此时一般不需处理或者通过选取适当的"基线标准差置信度(松弛因子)"来使 χ^2 检验通过；如果大于理论值范围，则须查找问题基线或者控制点，修正后再次进行解算直到检验通过为止。如果某条基线 Tau 检验无法通过，则需要重新解算基线再参与平差，或者直接禁用该条基线。

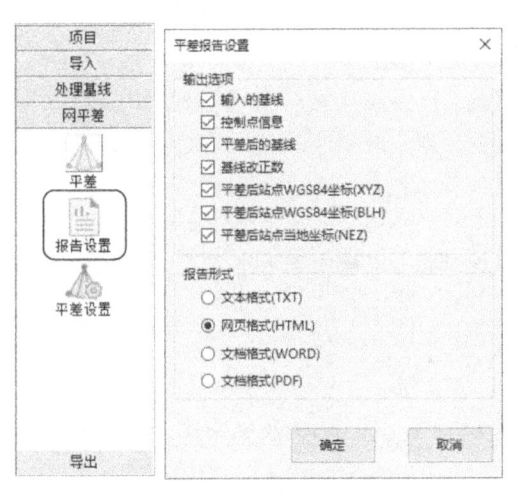

图 3-37 报告设置

图 3-38 平差报告

图 3-39 平差检验指标

如果网平差结果通不过检验，需要从以下几个方面来寻找不合格的原因：

①检查坐标系等是否设置正确；

②检查控制点是否正确，以及是否在一个坐标系统内；

③检查基线向量网是否正确，对于不合格的静态基线，可以禁止其参与网平差，如果该条基线是不能删除的或在基线网中非常重要，则需要重新解算，必要时要重新进行外业观测；

④检查观测文件的观测站点、天线高是否正确，出现这种情况的时候，往往闭合差或自由网平差的结果非常差。

5. 成果的输出

HGO 数据处理软件提供了丰富的成果导出功能，包括数据文件、基线解算结果、项目总结报告的导出。

（1）RINEX 观测文件导出。

选中"RINEX 文件"项，点击【设置】，弹出"RINEX 输出选项"对话框，可以设置 RINEX 版本、输出系统、内容包括、历元间隔、起始时间、天线高类型。设置完成后点击【确定】返回"导出"界面。导出 RINEX 文件如图 3-40 所示。

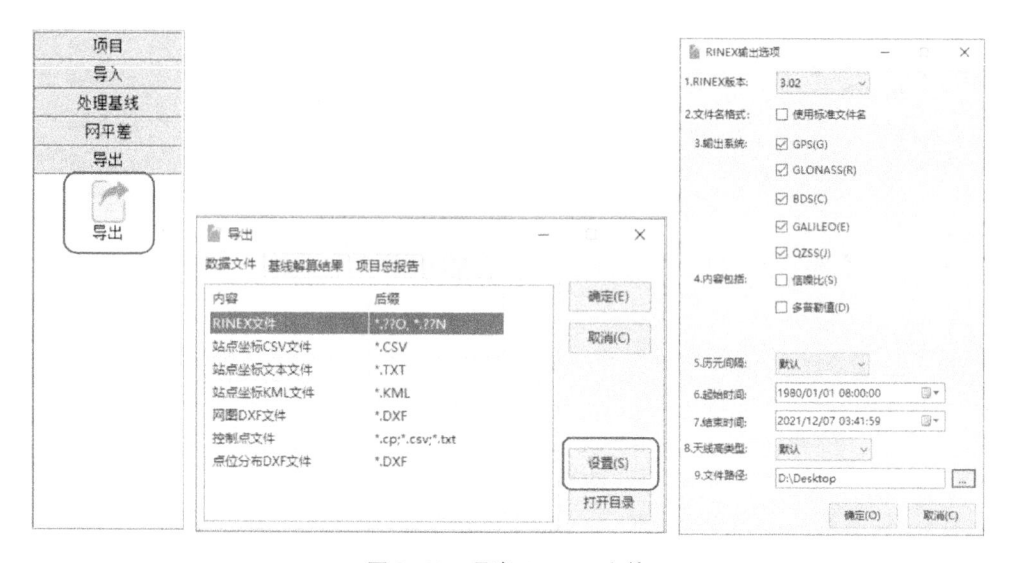

图 3-40　导出 RINEX 文件

对于导入的原始数据，可以在文件列表选择相应的文件，点击右键菜单中的【转换为 RINEX 文件】进行转换；也可以在『导出』菜单中的【数据文件】选择【RINEX 文件】进行批量转换；导出成果将位于项目文件夹下的"RINEX"文件夹里。

（2）站点坐标文件导出。

在『导出』菜单中选中"站点坐标 CSV 文件"项或者"站点坐标文本文件"项，点击【设置】，弹出"输出选项"对话框，可以选择要输出的内容，包括测站名称、测站代码、WGS-84 坐标、地方坐标等项。点击【确定】时，在"输出站点坐标来源"中选择要导出的坐标文件的来源。站点坐标导出选项如图 3-41 所示。

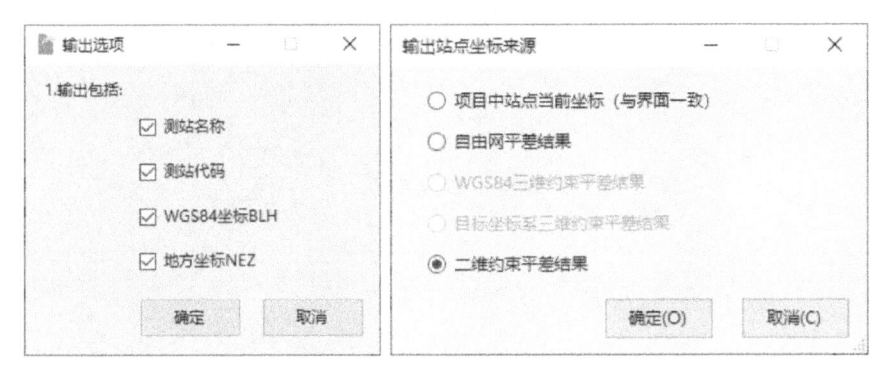

图 3-41　站点坐标导出选项

（3）网图 DXF 文件导出。

选中"网图 DXF 文件"项，点击【设置】，弹出"输出选项"对话框，可以选择是否要输出"Stop&GO 解算结果中的 GO 的结果点"。执行【导出】→【网图 DXF 文件】→【确定】，选择"输出站点坐标来源"，导出站点与基线的图形 DXF 文件；成果位于项目文件夹的 Report 目录下的"Plot.dxf"文件中。

（4）控制点文件导出。

执行【导出】→【控制点文件】→【确定】，在弹出的"控制点文件"窗口中选择要导出的控制点文件格式。

（5）项目总报告导出。

执行【导出】→【项目总结报告】，选择要导出的总结报告格式。HGO 可以输出 .TXT、.DOC、HTML 三种形式的总结报告以及"重复基线与闭合环结果"报告。点击【设置】，弹出"项目总结报告输出选项"对话框，可以自定义选择 Word 报告中要输出的内容，如图 3-42 所示。

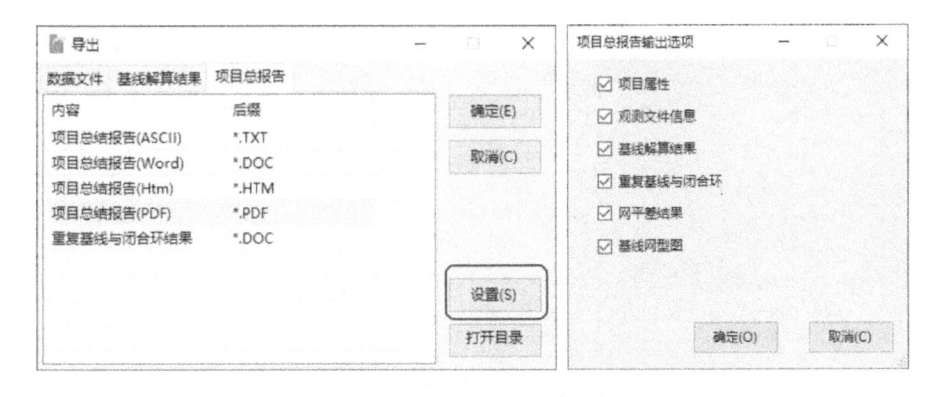

图 3-42　项目总报告输出选项

（6）基线解算结果文件导出。

为了与其他数据处理软件进行基线数据交换，HGO 软件可以导出基线成果为天宝基线数据交换文件格式(用于 PowerAdj 软件的平差处理)或者科傻基线数据交换文件格式[用于科傻平差软件(COSA)处理],如图 3-43 所示。

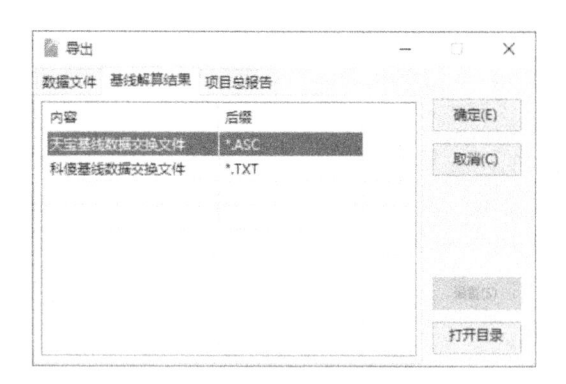

图 3-43　导出基线解算结果

生成的天宝基线数据交换文件位于项目文件夹的 Report 目录下,即"BaselineResult_TGO.ASC"文件,生成的科傻基线数据交换文件位于项目文件夹的 Report 目录下,即"BaselineResult_COSA.TXT"文件。

第 4 章 精密水准测量

虽然 GNSS 首级控制网可以通过高程拟合方式获得 GNSS 控制点的正常高，但建立高程拟合模型需要控制网中部分 GNSS 控制点的正常高高程，为此可采用精密水准联测部分 GNSS 控制点，并要求联测的 GNSS 控制点分布均匀。

按照国家高程控制网的布设原则，水准网应以从高到低，从整体到局部，逐级控制，逐级加密的方式进行布设。国家水准网分为一、二、三、四等水准测量。一等水准测量是国家高程控制网的骨干，二等水准测量是国家高程控制网的全面基础，三、四等水准测量直接为地形测图与其他工程建设提供高程基准服务。本章以二等水准测量为例，从水准测量基本原理、水准测量仪器、水准仪使用方法、水准仪 i 角检验、精密水准测量技术要求、外业成果的整理与计算、水准网平差计算等方面详细阐述首级高程控制网的建立过程。

4.1 水准测量基本原理

水准测量的原理是利用水准仪的水平视线，读取竖立在两点上的水准尺的读数，求得两点之间的高差，进而由其中一点的高程推算出另外一点的高程。水准测量原理示意图如图 4-1 所示，为得到 B 点的高程，首先求出 A、B 两点的高差 h_{AB}。在 A、B 两点上竖立水准尺，在 A、B 两点之间安置水准仪，水准仪的主要作用是提供水平视线。当成功获取到水平视线时，分别读取在 A、B 两点上的标尺读数，这里将其称为 a、b，那么就得到了 A、B 两点之间的高差，可由标尺之间的读数得到，即

$$h_{AB} = a - b \tag{4-1}$$

如果这个时候 A 点的高程是已知的，那么可以由下面的公式计算出待求点 B 的高程为：

$$H_B = H_A + h_{AB} \tag{4-2}$$

读数 a 是在已知高程点上的水准尺读数，称为"后视读数"。读数 b 是在待求高程点上的水准尺读数，称为"前视读数"。高差必须是后视读数减去前视读数。高差 h_{AB} 的值可能是正的，也可能是负的，正值表示待求点 B 高于已知点 A，负值表示待求点 B 低于已知点 A。这种通过式(4-2)来计算未知点高程的方法称为高差法。

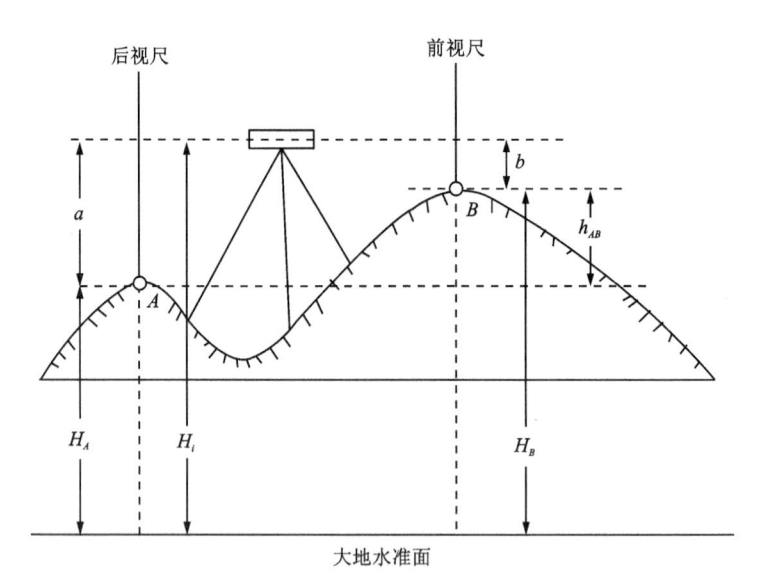

图 4-1 水准测量原理示意图

另外，还可以通过视线高法来求取未知点的高程。由图 4-1 可以看出，B 点高程还可以通过仪器的视线高程 H_i 来计算，即

$$H_i = H_A + a \tag{4.3}$$

$$H_B = H_i - b \tag{4.4}$$

采用式(4-2)和式(4-4)都可以计算得到 B 点的高程，但是两者的原理都是一样的。高差法在大多数场景下是应用于水准路线的推算，从已知高程点出发，根据观测得到的未知点和已知点高差，依次推算未知点的高程。而视线高法主要应用于面状区域高程值的观测，首先利用某个已知高程点将仪器视线高确定下来，在仪器保持不动的情况下，观测得到仪器周围多个点的高程值。

4.2 水准测量仪器

4.2.1 水准仪分类

水准仪是用于水准测量的主要设备，主要有气泡式水准仪、自动安平光学水准仪、数字水准仪。目前，我国水准仪是按仪器所能达到的每千米往返测高差中数偶然中误差这一精度指标进行划分的，共分为四个等级，如表 4-1 所示。

国产的水准仪系列有 DS05、DS1、DS3、DS10 等型号，其中"D"和"S"分别代表为"大地测量"和"水准仪"，05，1，3，10 等是以毫米为单位的每千米高差中数偶然中误差，通常在书写时省略字母 D 直接写为 S05，S1，S3，S10 等。S3 和 S10 级水准仪通常称为普通水准仪，用于国家三、四等水准测量及普通水准测量，S05 和 S1 级水准仪称为精密水准仪，用于国家一、二等精密水准测量。

表 4-1 水准仪精度等级划分

水准仪型号	DS05	DS1	DS3	DS10
每千米往返测高差中数偶然中误差/mm	≤0.5	≤1	≤3	≤10
主要用途	国家一等水准测量及地震监测	国家二等水准测量及其他精密水准测量	国家三、四等水准测量及一般工程水准测量	一般工程水准测量

4.2.2 水准尺和尺垫

4.2.2.1 水准尺

水准尺是水准测量时与水准仪配套使用的专用标尺，其质量好坏直接影响水准测量的精度。因此，水准尺通常用不易变形的优质的木材、玻璃钢、铝合金等材料制成，要求热胀冷缩系数小、尺长稳定、分划准确。按外形结构划分，水准尺一般可以分为塔尺、折尺和直尺。塔尺是一种套接的组合尺，其长度为3~5m，由两节或三节套接在一起，尺的底部为零点，尺面上黑白格相间，每格宽度为1cm，有的为0.5cm，在米和分米处有数字注记。折尺与塔尺的分划标注基本相同，只是折尺可以一分为二，可对折，使用时打开，方便使用和运输。直尺通常为双面水准尺，尺长一般为3m，两根尺为一对。直尺的双面均有分划，正面为黑白相间，称为黑面尺(也称主尺)；背面为红白相间，称为红面尺(也称辅尺)。直尺两面的分划均为1cm，在分米处注有数字；两根尺的黑面尺尺底均从零开始，而红面尺尺底刻度不为0，通常为一个常数值。在视线高度不变的情况下，同一根水准尺的红面和黑面读数之差应等于该常数，这个常数称为尺常数，用 K 来表示，以此可以检核读数是否正确。水准尺按精度高低进行分类，可以分为普通水准尺和精密水准尺。根据水准仪读数原理的不同，水准尺又可以分为光学水准仪标尺和数字水准仪标尺。

(1)普通水准尺。

普通水准尺多用优质的木料或金属材料制成。尺上会有黑白相间的区格式厘米分划，故又称为区格式标尺，如图4-2(a)所示。普通水准尺的两面分别为基本分划和辅助分划，最小分划都为1cm。黑面为黑白相间的基本分划，红面为红白相间的辅助分划，每分米注记数字，一般黑面的基本分化从

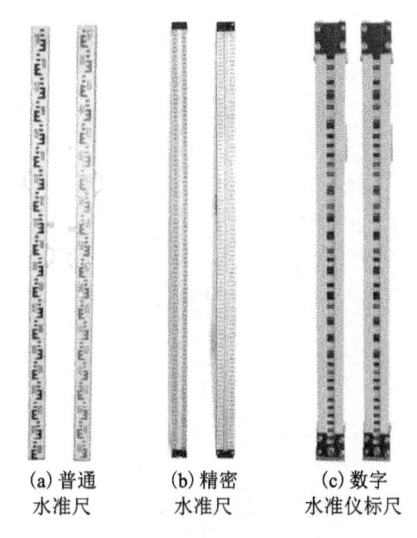

(a) 普通水准尺　(b) 精密水准尺　(c) 数字水准仪标尺

图 4-2 普通水准尺、精密水准尺与数字水准仪标尺

0 mm 起刻划,而红面的辅助分划则从 4687 mm(或 4787 mm)开始分划。普通水准尺主要用于三、四等水准测量。

(2)精密水准尺。

精密水准尺框架用木料制成,分划部分用镍铁合金做成带状。尺长多为 3 m,两根为一副,如图 4-2(b)所示。在尺带上有左右两排线状分划,分别称为基本分划和辅助分划,格值 1 cm。这种水准尺配合精密水准仪使用,通常用于精度较高的一、二等水准测量。

(3)数字水准仪标尺。

随着电子技术和数字技术的发展,许多测量仪器都实现了数字化,这些设备可以直接显示测量结果,甚至具备数据处理和存储功能,大大提高了测量的便捷性和准确性。数字水准仪使用与之匹配的条码标尺,其标尺通常为铟钢材质,由伪随机条形码组成,供电子读数使用,如图 4-2(c)所示。数字水准仪标尺配合数字水准仪使用,可以用于不同等级的水准测量。

4.2.2.2 尺垫

尺垫是在转点处放置水准尺用的,它用生铁铸成,一般为三角形或圆形,中央有一突起的半球体,下方有三个支脚,如图 4-3 所示。用时将支脚牢固地插入土中,以防下沉,上方突起的半球形顶点作竖立水准尺和标志转点之用。按重量进行划分,尺垫通常有 1 kg、3 kg、5 kg。水准测量对精度要求越高,采用的尺垫重量越大,以保证水准尺的稳定性。

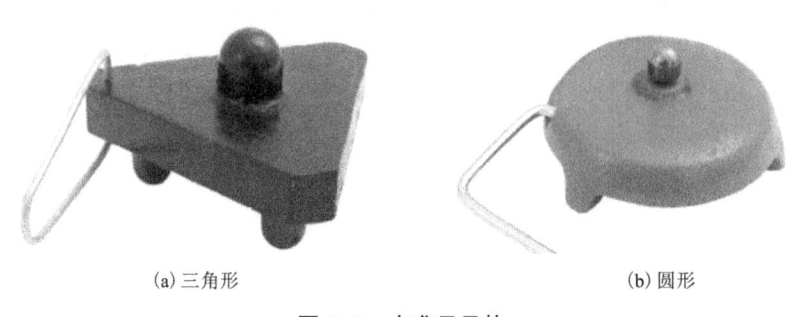

(a)三角形　　　　(b)圆形

图 4-3　水准尺尺垫

4.3　水准仪使用方法

4.3.1　光学水准仪

1. 光学水准仪结构

本节以苏州一光仪器有限公司生产的 DSZ1 精密自动安平水准仪为例,阐述光学水准仪结构。该仪器主要由带光学自动补偿器的望远镜组成。仪器上设有检查按钮,可检查补偿器工作状况。仪器采用摩擦制动。水平微动采用无限微动机构，安排在两侧的水平微动手轮分别供两只手操作。图4-4为该型号光学水准仪示意图。

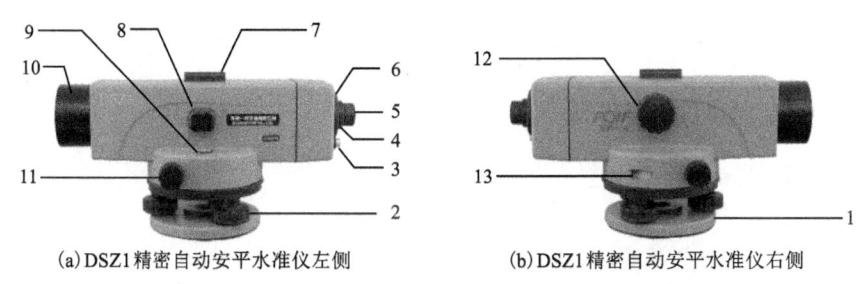

(a) DSZ1精密自动安平水准仪左侧　　　(b) DSZ1精密自动安平水准仪右侧

1—基座；2—安平手轮；3—检查按钮；4—目镜卡环；5—目镜；
6—护盖；7—光学瞄准器；8—圆水准器观测棱镜；9—圆水准器；
10—物镜；11—水平微动手轮；12—调焦手轮；13—内置度盘读数窗。

图 4-4　光学水准仪示意图

2. 光学水准仪操作方法与步骤

(1) 仪器安置。

首先将水准仪脚架安置在地上，并将三个脚踩实，脚架高度应与观测者身高相适应，架头大致水平，确保安置稳妥；然后双手将精密水准仪轻轻地从仪器箱拿出，并轻轻地放在脚架的架头上，并拧紧中心螺旋将水准仪与三脚架进行固定。

(2) 粗平。

粗平是通过调整脚架的长度及脚螺旋将圆水准器的气泡大致居中，具体方法是先调整三脚架的长度，使仪器大致水平；然后，用两手分别以相对方向转动两个脚螺旋，此时气泡移动方向与左手大拇指旋转时的移动方向相同。如果扭动一次不能大致居中，需要重复上述过程。

(3) 瞄准。

在用望远镜瞄准目标之前，应先调整目镜，确保十字丝清晰。瞄准目标应首先使用望远镜上面的瞄准器来进行辅助瞄准，在基本瞄准水准尺后立即将仪器制动，防止仪器镜头方向再次发生移动。若望远镜内已经看到水准尺，但成像不清晰，可以转动物镜调焦螺旋至成像清晰，注意消除视差。最后用微动螺旋转动望远镜使十字丝的竖丝对准水准尺的中间稍偏一点位置以便读数。

(4) 精平。

读数之前应用微倾螺旋调整水准管气泡居中，使视线精确水平。由于气泡的移动有惯性，所以转动微倾螺旋的速度不能快，特别是在符合水准器的两端气泡影像将要对齐的时候尤应注意。只有当气泡已经稳定不动且又居中的时候，才能达到精平的目的。对于自动安平水准仪，在读取标尺读数前，按一下检查按钮，若标尺像上下稍微摆动，最后水平丝回复至原标尺位置上，则补偿器处于正常工作状态，且视线水平。如果气泡偏离中心，当按下检查按钮时，标尺像不是正常摆动，而是急促短暂的跳动，表明补偿器超出工作范围碰到 限位丝，此时必须将仪器整平，使气泡居中。

· 49 ·

(5)读数。

仪器精平后即可在水准尺上读数。再次瞄准另一方向的水准尺时可重复步骤(3)和步骤(4)。

(6)在观测手簿进行记录及计算，完成水准测量测站观测工作。

3. 光学水准测量观测及手簿填写

不同等级的水准测量观测程序会有差异，以二等水准观测为例，采用光学精密水准测量仪器，测站观测顺序和方法如下所述。

(1)往测时，奇数测站照准标尺分划的顺序为：①后视标尺的基本分划；②前视标尺的基本分划；③前视标尺的辅助分划；④后视标尺的辅助分划。

(2)往测时，偶数测站照准标尺分划的顺序为：①前视标尺的基本分划；②后视标尺的基本分划；③后视标尺的辅助分划；④前视标尺的辅助分划。

返测时，奇、偶测站照准标尺的顺序分别与往测偶、奇测站相同。

以二等水准往测奇数测站为例，在一个测站上的光学水准仪观测步骤如下：

(1)首先将仪器整平，圆水准气泡位于环形区域的中央位置。

(2)望远镜对准后视水准标尺，转动倾斜螺旋使符合水准气泡两端影像分离不得大于 3 mm，用上、下视距丝平分水准标尺的相应基本分划并读取视距。读数时标尺分划的位数和测微器的第一位数(共四个数字)要连贯读出。

(3)接着转动倾斜螺旋使气泡影像精密符合，并转动测微螺旋使楔形丝照准基本分划，读分划线三位数和测微器二位数。

(4)旋转望远镜照准前视水准尺，使气泡精密居中，用楔形丝照准基本分划并读数，然后按下、上视距丝读取视距。

(5)用楔形丝对准辅助分划进行读数。

(6)再转向后视标尺，转动倾斜螺旋使气泡影像精密符合，进行辅助分划的读数。至此一个测站的观测工作结束。

以"后前前后"的观测顺序为例，水准测量观测手簿填写顺序如表 4-2 所示。野外观测手簿应按要求规范填写，外业观测记录和记事项目，应在外业观测现场直接记录，勿进行转抄。手簿一律用铅笔填写，记录的文字与数字力求清晰、整洁、不得潦草模糊。手簿中任何原始记录不得涂擦，对原始记录有错误的数字与文字，应仔细核对后以单线划去，在其上方填写更正的数字与文字，并在备注栏内注明原因。对作废的记录，亦用单线划去，并注明原因及说明重测结果记于何处。重测记录应加注"重测"二字。手簿记录格式如表 4-2 所示。观测工作结束后应及时整理和检查外业观测手簿。检查手簿中所有计算是否正确、观测成果是否满足各项限差要求。确认观测成果全部符合规范规定之后，方可进行外业计算。

表 4-2 水准测量观测手簿

测自　　　　　至　　　　　　　　　　　　　年　月　日
温度　　　　　　　云量　　　　　　　　　　　风向风速

测站编号	后尺 下丝 / 上丝 / 后距 / 视距差 d	前尺 下丝 / 上丝 / 前距 / ∑d	方向尺	标尺读数 基本分划①	标尺读数 辅助分划②	基+K 减辅 (①-②)	备注
	(1)	(5)	后	(3)	(8)	(13)	
	(2)	(6)	前	(4)	(7)	(14)	
	(9)	(10)	后-前			(15)	
	(11)	(12)	h				
			后				
			前				
			后-前				
			h				
			后				
			前				
			后-前				
			h				
			后				
			前				
			后-前				
			h				
			后				
			前				
			后-前				
			h				
			后				
			前				
			后-前				
			h				
			后				
			前				
			后-前				
			h				
			后				
			前				
			后-前				
			h				

4.3.2 数字水准仪

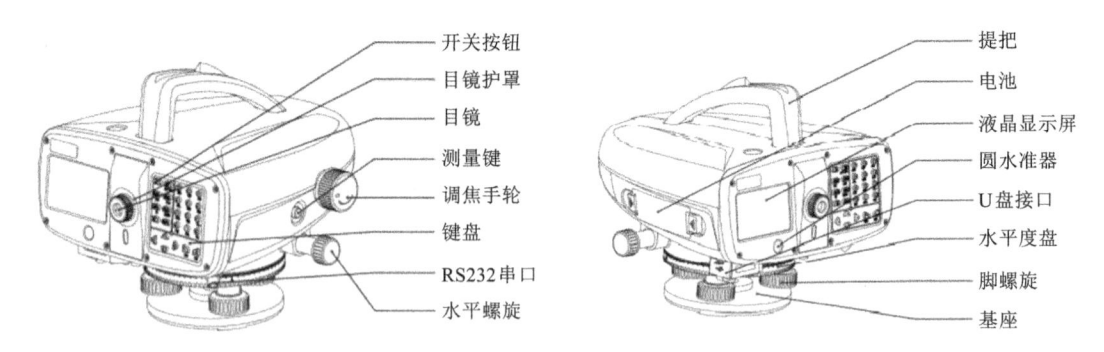

1. 数字水准仪结构

数字水准仪结构与光学水准仪类似，主要分为瞄准、调平和操作盘及显示屏几部分，此处以南方 DL-2003A 数字水准仪为例，具体结构如图 4-5 所示。

图 4-5 数字水准仪结构

2. 数字水准仪操作方法与步骤

（1）安置仪器。

数字水准仪的该步骤跟光学水准仪一样，首先将水准仪脚架安置在地上，并将三个脚踩实，脚架高度应与观测者身高相适应，架头大致水平，确保安置稳妥；然后双手将精密水准仪轻轻地从仪器箱拿出，并轻轻地放在脚架的架头上，并拧紧中心螺旋将水准仪与三脚架进行固定。

（2）整平。

整平是通过调整脚架的长度及脚螺旋将圆水准器的气泡大致居中，具体方法跟光学水准仪整平类似。本过程也可通过观察电子气泡调平，如图 4-6 所示。

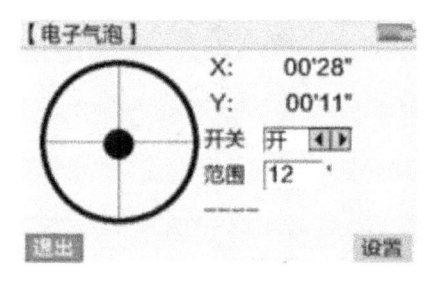

图 4-6 数字水准仪整平界面

（3）瞄准。

在用望远镜瞄准目标之前，应先调整目镜，确保十字丝清晰。瞄准目标应首先使用望远镜上面的瞄准器来进行辅助瞄准，若望远镜内已经看到水准尺，但成像不清晰，可以转动物镜调焦螺旋使影像清晰，注意消除视差，眼睛上、下微动时，标尺的影像不应上下移动。最后用微动螺旋转动望远镜使十字丝的竖丝对准水准尺条形码中间位置，以便读数。

(4) 读数。

瞄准标尺后，按测量键进行水准测量，液晶显示屏上将显示视距与高程读数，并自动记录与保存原始观测数据。

4.3.3 数字水准仪测站观测顺序和方法

以二等水准观测为例，采用数字水准测量仪器，测站观测顺序和方法如下所述。

1. 观测顺序

往、返测奇数测站照准标尺的顺序为：
(1) 后视标尺。
(2) 前视标尺。
(3) 前视标尺。
(4) 后视标尺。

往、返测偶数测站照准标尺的顺序为：
(1) 前视标尺。
(2) 后视标尺。
(3) 后视标尺。
(4) 前视标尺。

与光学水准仪不同，数字水准仪往测、返测顺序是一样的。

2. 观测方法

以二等水准往返测奇数测站为例，在一个测站上的数字水准仪观测步骤如下：
(1) 首先将仪器整平，当绕垂直轴旋转望远镜时，气泡始终位于圆水准器中央。
(2) 将望远镜瞄准后视标尺，标尺根据圆水准器立于竖直位置，用竖丝照准标尺条码中央，精确调焦至条码影像清晰，按测量键。
(3) 显示读数后，旋转望远镜照准前视标尺条码中央，精确调焦至条码影像清晰，按测量键。
(4) 显示读数后，重新照准前视标尺，按测量键。
(5) 显示读数后，旋转望远镜照准后视标尺条码中央，精确调焦至条码影像清晰，按测量键。显示测站成果，测站检核合格后迁站。

4.3.4 水准测量注意事项

1. 观测方式与时间

二等水准测量的观测方式与观测时间应按照下列要求进行：
(1) 二等水准测量路线尽量沿公路、大路布设。在各闭合环内的往测、返测，一般应使用同一类型的仪器和转点尺承沿同一道路进行。

(2)在各闭合环内,先连续进行所有测段的往测(或返测),随后再连续进行返测(或往测)。

(3)同测段的往测(或返测)与返测(或往测)应分别在上午与下午进行。在日间气温变化不大的阴天和观测条件较好时,某几个测段的往测、返测可同在上午或下午进行,但其总站数不应超过各组闭合环总站数的30%。

(4)二等水准观测,应选用质量不轻于5 kg的尺台作转点尺承。

(5)水准观测应在标尺分划线成像清晰而稳定时进行,出现下列情况时不应进行观测:

①日出后与日落前30 min内;

②晴天的前、后各约2 h内,可根据地区、季节和气象情况适当增减时间,最短间歇时间不少于2 h;

③标尺分划线的影像跳动剧烈时;

④气温突变、风力过大而使标尺与仪器不能稳定时。

2. 视线长度、前后视距差、视线高度限差规定

测站的视线长度即仪器至标尺距离、前后视距差、视线高度、数字水准仪重复测量次数应按表4-3进行执行。

表4-3 视线长度、前后视距差、视线高度限差规定

等级	仪器类别	视线长度/m		前后视距差/m		任一测站上前后视距差累积/m		视线高度/m		数字水准仪重复测量次数/次
		光学	数字	光学	数字	光学	数字	光学(下丝读数)	数字	
二等	DSZ1、DS1	≤50	≥3且≤50	≤1.0	≤1.5	≤3.0	≤6.0	≥0.3	≤2.80且≥0.55	≥2

3. 其他应注意的事项

(1)观测前30 min应将仪器置于露天阴影下,使仪器与外界气温趋于一致。到测站时,应用测伞遮蔽阳光;使用数字水准仪前,还应进行预热,预热不少于20次单次测量。

(2)在各连续测站上安置水准仪的三脚架时,应使其中两脚与水准路线的方向平行。

(3)除路线转弯处外,每测站上仪器与前、后视标尺的三个位置应接近一条直线。

(4)转动仪器的倾斜螺旋和测微鼓时,其最后旋转方向,均应为旋进。

(5)每一测段的往测与返测,其测站数均应为偶数。由往测转向返测时,两个标尺应互换位置,并应重新整置仪器。

(6)对于数字水准仪,应避免望远镜直接对着太阳,仪器只能在厂家规定的温度范围内工作。

(7)在水准测量操作过程中,尽量不要在仪器周围走动,避免影响读数的精度。

(8) 在测量过程或者搬运过程中，不要将水准尺的尺底直接立在地面上，防止磨损从而影响水准尺的精度。

(9) 在水准观测间歇时，最好在固定水准点上结束，否则，应在最后一站选择两个坚稳可靠、光滑突出、便于放置标尺的固定点作为间歇点。数字水准仪测量间歇可用建立新测段等方法检测，检测有困难时最好收测在固定水准点上。

4.4 水准仪 i 角检验

4.4.1 i 角的产生

水准仪的水准管轴与视准轴相当于空间上的两条直线，它们在铅垂面上投影的夹角称为 i 角，水准测量要求水准仪的视准轴与水准管轴相互平行，由于 i 角的存在，对水准观测值的影响称为 i 角误差。水准仪产生 i 角变化的原因是仪器本身的结构与外界条件的变化。由于内部与外界环境的变化，如温度、湿度、震动等，会产生 i 角微小的变化，另外，内应力的变化也会产生 i 角不同程度的变化。总之，使用条件、运输、储存和温度变化都可能导致仪器误差的产生，尤其在测站离前、后尺距离不等时，i 角误差无法抵消，会使所测高差受到影响。

4.4.2 i 角检验方法

要实现 i 角的检验，所需的仪器设备包括：水准仪一台，标尺一对，三脚架一个，皮尺一把或测轮一个、尺垫两个、记录板一块。i 角检验的方法较多，根据仪器与标尺摆放的位置不同，主要有如下四种方法。

1. 富斯特乃尔法

图 4-7 i 角检验富斯特乃尔法

富斯特乃尔法如图 4-7 所示，在相距 45 m 处设立两根标尺（A、B），将此距离分成三等份，并在其连线上设置 2 个仪器站位置（1、2），相距标尺约 15 m，然后从测站测量两根标尺。

2. 纳保尔法

如图 4-8 所示，量取一段 45 m 长的距离，将其分为三等份，在 1、2 两点架设仪器，并在距离两端 1/3 处架设标尺 A、B，从测站测量两根标尺进行读数。

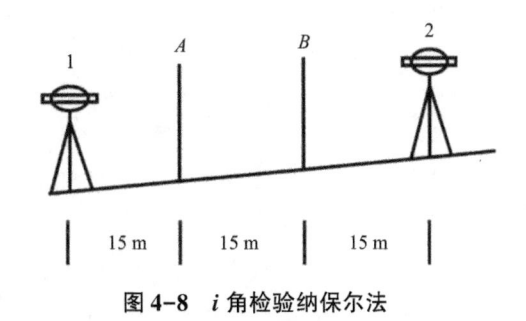

图 4-8 i 角检验纳保尔法

3. 库卡马可法

如图4-9所示,在相距约20 m处设两根标尺(A、B),首先从位于两标尺连线中间的测站1读取两标尺上的读数,然后从距离两标尺外延伸20 m处的测站2在两根标尺上进行读数。

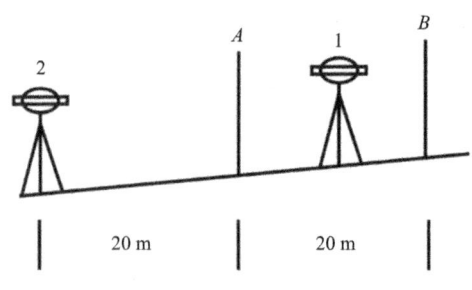

图4-9 i角检验库卡马可法

4. 日本法

如图4-10所示,与库卡马可法基本类似,然而两标尺(A、B)相距30 m,而测站1在A、B中间,测站2在距离标尺A后约3 m处。

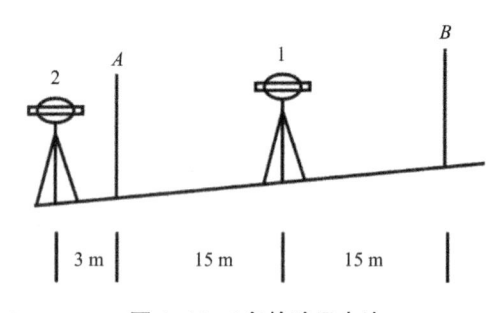

图4-10 i角检验日本法

不同的i角检验方法的基本原理相同。立两根水准尺,不仅把水准仪安置在两个水准尺的中间处,而且安置在距两个水准尺距离不同的地方,这样所测得到的两根立尺点之间的高差会受到i角的影响。据此,可以利用水准仪的两个不同位置测得的两根立尺点之间的高差,从而求出i角的大小。普通光学机械水准仪在校正i角时都需要利用校正针来改正望远镜十字丝或者水准管,操作比较麻烦。而数字水准仪校正i角时,以上四种方法都是用仪器内部的程序来校正i角的,自动化程度高,校正的结果可靠。

4.4.3 i角检验操作步骤

以日本法为例,实施方法及步骤如下:

(1)在一平坦地面选择相距30 m左右的两固定点A、B,并用皮尺找到A、B的中点。

(2)在中点处安置水准仪,仪器精平后,在A、B两点竖立水准尺,记下读数a_1、b_1,此时计算出的A、B之间的高差($h_{AB}=a_1-b_1$)不受i角误差的影响,为确保观测的可靠性,可采用两次仪器高或基辅分划观测两次,如果两次结果相差不超过限差,则取平均值作为 A、B 两点之间真实的高差。

(3)将水准仪搬迁到 AB 延长线上(距 B 点或 A 点 3 m 处),再次观测 A、B 两点上水准尺的读数,记为 a_2、b_2,同时计算得 A、B 高差($h'_{AB}=a_2-b_2$)。

(4)如果 $h_{AB}=h'_{AB}$,则表明水准管轴平行于视准轴,否则,说明仪器存在 i 角误差。i 角的大小可以通过下式进行计算:

$$\Delta = [(a_2-b_2)-(a_1-b_1)] \tag{4-5}$$

$$i'' = \frac{\Delta}{S_{AB}}\rho'' \tag{4-6}$$

i 角检验记录手簿如表 4-4 所示。

表 4-4　i 角检验记录手簿

仪器型号/编号:_____　班级/组号:_____　检验日期:____年____月____日
观测员:_____　记录员:_____　检查员:_____

测站	观测次数	标尺读数		高差($a-b$) /mm	i 角的计算
		A 尺读数 a/mm	B 尺读数 b/mm		
J1	1				
	2				
	3				
	4				
	中数				
J2	1				
	2				
	3				
	4				
	中数				

4.5　精密水准测量技术要求

本节以二等水准测量为例,阐述精密水准测量的技术要求。

1. 水准仪仪器常用技术指标

对于二等水准测量,常用的仪器技术指标限差如下:
(1)一对标尺零点不等差:0.1 mm。
(2)标尺基辅分划常数偏差:0.05 mm。

(3)水准仪 i 角误差小于 $15″$。

(4)测站高差观测中误差：0.15 mm。

(5)数字水准仪视距测量误差：$(10±2)$ cm。

2. 测量精度要求

水准测量精度通常用每千米水准测量的偶然中误差 M_Δ 和每千米水准测量的全中误差 M_W 来表征。对于二等水准测量，它们的要求如下：

$$-1.0 \text{ mm} < M_\Delta \leqslant 1.0 \text{ mm} \qquad (4-7)$$

$$-2.0 \text{ mm} < M_W \leqslant 2.0 \text{ mm} \qquad (4-8)$$

3. 测站观测限差技术要求

测站观测限差技术要求如表 4-5 所示。

表 4-5 测站观测限差技术要求

等级	上下丝读数平均值与中丝读数的差/mm		基辅分划读数的差/mm	基辅分划所测高差的差/mm	检测间歇点高差的差/mm
	0.5 cm 刻划标尺	1 cm 刻划标尺			
二等	1.5	3.0	0.4	0.6	1.0

4. 往返测高差不符值、环闭合差

往返测高差不符值、环闭合差和检测高差之差的限差应遵照表 4-6 的规定。

表 4-6 往返测高差不符值、环闭合差

等级	测段、区段、路线往返测高差不符值/mm	附合路线闭合差/mm	环闭合差/mm	检测已测测段高差之差/mm
二等	$4\sqrt{k}$	$4\sqrt{L}$	$4\sqrt{F}$	$6\sqrt{R}$

注：

k—测段、区段或路线长度，单位为千米(km)，当测段长度小于 0.1 km 时，按 0.1 km 计算；

L—附合路线长度，单位为千米(km)；

F—环线长度，单位为千米(km)；

R—检测测段长度，单位为千米(km)。

5. 外业计算取位规定

外业计算取位可以参照表 4-7 进行。

表 4-7 外业计算取位规定

等级	往(返)测距离总和/km	测段距离中数/km	各测站高差/mm	往(返)测高差总和/mm	测段高差中数/mm	水准点高程/mm
二等	0.01	0.1	0.01	0.01	0.1	1

6. 成果的重测和取舍

水准测量成果若超限,按如下原则进行重测和取舍。

(1)测段往返测高差不符值超限,应先就可靠程度较小的往测或返测进行整测段重测,并按下列原则取舍:

①若重测的高差与同方向原测的高差的不符值超过往返测高差不符值的限差,但与另一单程高差的不符值满足限差要求,则取用重测结果;

②若同方向两高差不符值未超出限差,且其中数与另一单程高差的不符值亦不超出限差,则取同方向中数作为该单程的高差;

③若(1)中的重测高差[或(2)中两同方向高差中数]与另一单程的高差不符值超出限差,应重测另一单程;

④超限测段经过两次或多次重测后,出现同向观测结果靠近而异向观测结果间不符值超限的分群现象时,如果同方向高差不符值小于限差之半,则取原测的往返高差中数作为往测结果,取重测的往返高差中数作为返测结果。

(2)区段、路线往返测高差不符值超限时,应就往返测高差不符值与区段、路线不符值同符号中较大的测段进行重测,若重测后仍超出限差,则应重测其他测段。

(3)附合路线和环线闭合差超限时,应就路线上可靠程度较小(往返测高差不符值较大或观测条件较差)的某些测段进行重测,如果重测后仍超出限差,则应重测其他测段。

(4)每千米水准测量的偶然中误差超出限差时,应分析原因,重测有关测段或路线。

4.6 外业成果的整理与计算

观测工作结束后应及时整理和检查外业观测手簿,检查手簿中所有计算是否正确、观测成果是否满足各项限差要求。确认观测成果全部符合规范规定之后,方可进行外业计算工作。外业计算是水准测量平差前所必须进行的准备工作。外业计算的主要工作包括观测高差的各项改正数的计算和水准点概略高程表的编制等。水准测量高差应加入水准标尺每米长度误差的改正数计算、正常水准面不平行的改正数计算、水准路线闭合差的计算。

水准测量外业计算主要包括如下事项。

1. 外业观测手簿的计算

在外业观测过程中应完成外业观测手簿中各项的计算工作,计算结果应符合表 4-5 中对测站观测限差的要求。

2. 水准标尺每米长度误差的改正数计算

水准标尺每米长度误差对高差的影响是系统性的，当一对水准标尺每米长度的平均误差 f 的绝对值大于 0.02 mm 时，就要对观测高差进行改正。对于一个测段高差的改正可按下式进行计算：

$$\delta_f = fh \tag{4-9}$$

由于往返测高差的符号相反，则往返测高差的改正数也具有不同的正负号。

3. 每千米水准测量偶然中误差的计算

每完成一条水准路线的测量，应进行往返测高差不符值及每千米水准测量的偶然中误差 M_Δ 的计算：

$$M_\Delta = \pm \sqrt{(\Delta\Delta/R)/(4 \cdot n)} \tag{4-10}$$

式中：Δ 为测段往返测高差不符值，单位为毫米（mm）；R 为测段长度，单位为千米（km）；n 为测段数。每千米水准测量的偶然中误差 M_Δ 限差应符合规范的要求。

4. 正常水准面不平行的改正数计算

一测段高差改正数 ε 由下式计算：

$$\varepsilon = -(\gamma_{i+1} - \gamma_i) \cdot H_m/\gamma_m \tag{4-11}$$

式中：γ_i、γ_{i+1} 分别为 i、$i+1$ 点椭球面上的正常重力值（取值至 0.01×10^{-5} m/s²）

$$\gamma = 978032(1 + 0.0053024\sin^2\varphi - 0.0000058\sin^2 2\varphi) \tag{4-12}$$

式中：φ 为水准点纬度。

$$\gamma_m = (\gamma_i + \gamma_{i+1})/2 - 0.1543H_m \tag{4-13}$$

式中：γ_m 为两水准点正常重力平均值，单位为 10^{-5} m/s²；H_m 为两水准点概略高程平均值，单位为 m。

5. 水准路线闭合差的计算

水准路线闭合差可按下式进行计算：

$$W = (H_0 - H_n) + \sum h_i' + \sum \varepsilon_i \tag{4-14}$$

式中：H_0 和 H_n 为水准测量路线两端点的已知高程；$\sum h_i'$ 为水准测量路线中各测段观测高差加入尺长改正数 δ_f 后的往返测高差中数之和；$\sum \varepsilon_i$ 为水准测量路线中各测段的正常水准面不平行改正数之和。

6. 每千米水准测量全中误差的计算

每完成一条附合路线或闭合环线的测量，在对观测高差施加各项改正后，计算出附合路线或环线的闭合差。当水准路线构成水准网的水准环数超过 20 个时，需按水准环闭合差计算每千米水准测量高差中数的全中误差 M_W，计算公式如下所示，其限差应符合规范的要求。

$$M_W = \pm \sqrt{(WW/F)/N} \qquad (4\text{-}15)$$

式中：W 为经过各项改正后的水准环闭合差，单位为毫米（mm）；F 为水准环线周长，单位为千米（km）；N 为水准环数。

7. 高差改正数的计算

将水准路线闭合差 W 按测段长度成比例地分配到各测段的高差中，水准测量路线中第 i 测段的高差改正数可按下式进行计算：

$$v_i = -\frac{R_i}{\sum R} W \qquad (4\text{-}16)$$

式中：R_i 为第 i 测段的路线长度；$\sum R$ 为水准测量路线的全长。

8. 水准点概略高程的计算

根据已知点高程和各项改正数计算水准点的概略高程，可按下式进行计算：

$$H = H_0 + \sum h'_i + \sum \varepsilon_i + \sum v_i \qquad (4\text{-}17)$$

4.7 水准网平差计算

水准测量外业计算工作结束后，便可以进行水准网平差。本节以平差易（Power Adjust 2005，PA2005）软件为例阐述水准网平差的计算过程。平差易是在 Windows 系统下由南方测绘仪器公司开发的控制测量数据处理软件，它采用了 Windows 风格的数据输入技术和多种数据接口，同时辅以网图动态显示，实现了从数据采集、数据处理和成果打印的一体化。其成果输出功能丰富强大、多种多样，平差报告完整详细，报告内容也可根据用户需要自行定制，具备详细的精度统计和网形分析功能等。平差易软件界面友好，功能强大，操作简便。

平差易软件主界面如图 4-11 所示。主界面中包括测站信息区、观测信息区、图形显示区以及顶部下拉菜单和工具条。

所有 PA2005 的功能都包含在顶部下拉菜单中，可以通过操作平差易顶部下拉菜单来完成平差计算的所有工作，例如文件读入和保存、平差计算、成果输出等。各菜单项的子菜单项如图 4-12 所示。

平差易软件工具条具有保存、打印、视图显示、平差和查看平差报告等功能，工具条图标及各工具功能如图 4-13 所示。

利用平差易软件进行水准网网平差的步骤如下所示。

第一步：水准网数据录入；

第二步：坐标推算；

第三步：坐标概算；

第四步：选择计算方案；

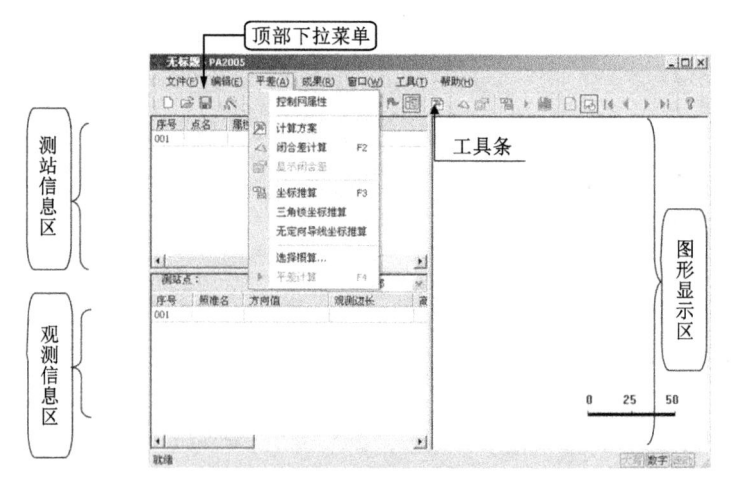

图 4-11 平差易软件主界面

图 4-12 各菜单项的子菜单

图 4-13 工具条图标及各工具功能

第五步：闭合差计算与检核；
第六步：平差计算；
第七步：平差报告的生成和输出。
水准网平差流程图如图 4-14 所示。

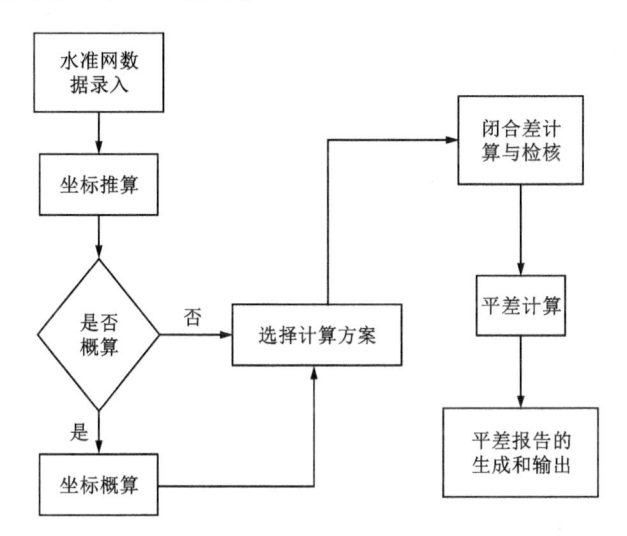

图 4-14 水准网平差流程图

1. 水准网数据录入

PA2005 提供了两种方式，一是启动系统后，在指定表格中手工输入数据，然后点击"文件/保存"生成数据文件；二是依照约定的文件格式，在 Windows 的"记事本"里手工编辑生成。

以图 4-15 模拟的某水准路线图为例，在平差易中手工输入图 4-15 中的数据，水准数据手工输入如图 4-16 所示。

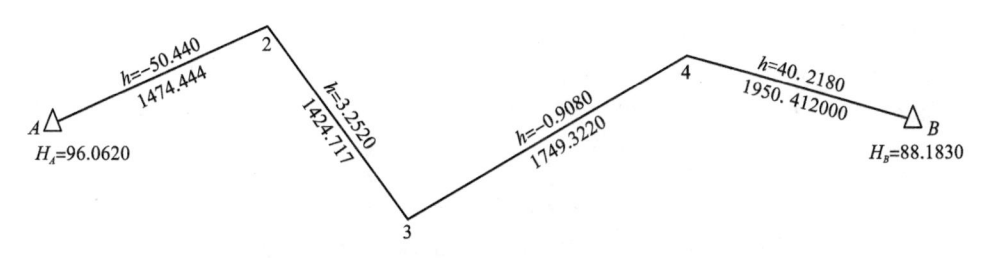

图 4-15 模拟的某水准路线图(单位：m)

在测站信息区中输入 A、B、2、3 和 4 号测站点，其中 A、B 为已知高程点，其属性为 01；2、3、4 点为待测高程点，其属性为 00，其他信息为空。因为没有输入平面坐标数据，故在平差易软件中没有网图显示。

以上数据输入完后，点击菜单"文件/另存为"，将输入的数据保存为平差易数据格式文件，如下所示。

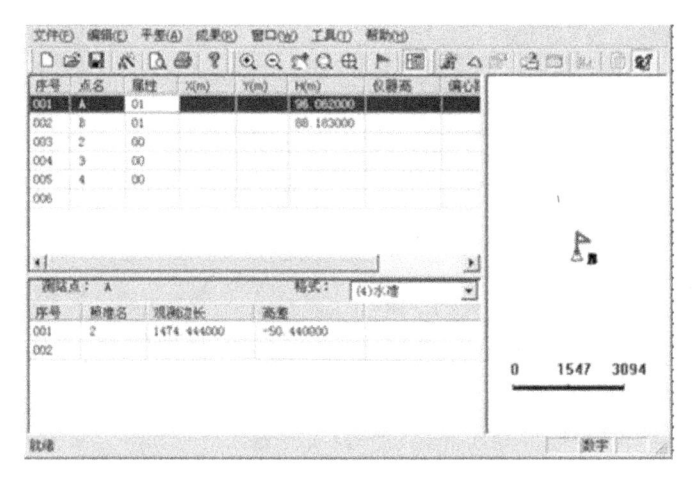

图 4-16　水准数据手工输入

[STATION]
A, 01,,, 96.062000
B, 01,,, 88.183000
2, 00
3, 00
4, 00
[OBSER]
A, 2,, 1474.444000, -50.4400
2, 3,, 1424.717000, 3.2520
3, 4,, 1749.322000, -0.9080
4, B,, 1950.412000, 40.2180

上述数据格式内容说明如下：

[STATION]为文件头，保存测站点数据：

测站点名，点属性，X，Y，H，偏心距，偏心角。

[OBSER]为文件头，保存观测数据：

照准点，方向值，观测边长，高差，斜距，垂直角，偏心距，偏心角，零方向值。

需要注意的是，[STATION]中的点属性表示控制点的属性，00 表示高程、坐标都未知的点，01 表示高程已知、坐标未知的点，10 表示坐标已知、高程未知的点，11 表示高程、坐标都已知的点。

在输入测站点数据和观测数据中，中间空的数据用","分隔，最后一个数据后可以省略","。例如观测数据"A, 2, 1474.444000, -50.4400"，表示照准点是 A, 2 点，观测边长为 1474.444 m，观测高差为-50.440 m。可以看出，观测高差后的其余观测数据省略。

2. 计算方案的选择

可以在菜单平差选项中选择计算方案，如图 4-17 所示，如果是二等水准就需要将水准网等级设置为国家二等，高程平差一般选择一般水准测量，限差可根据规范要求进行调整设置。

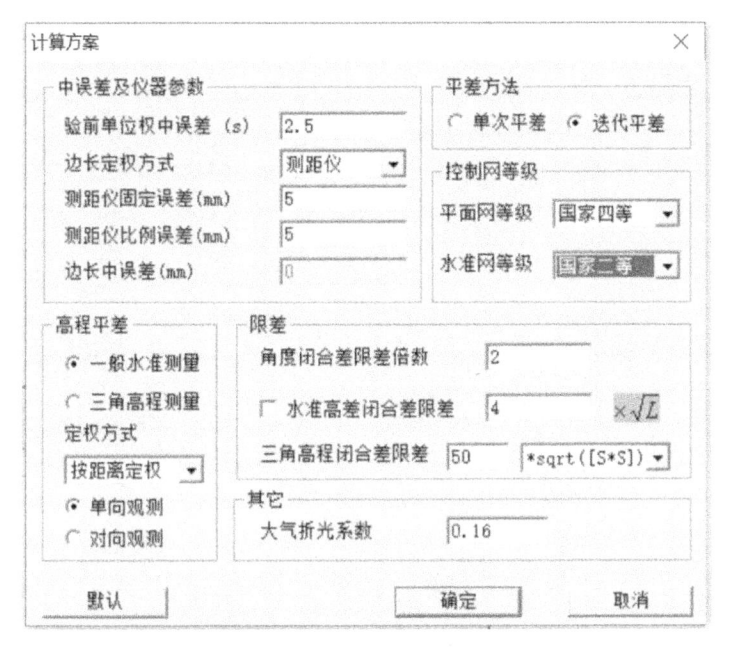

图 4-17　计算方案的选择

3. 平差计算与报表生成

选择菜单"平差→平差计算"计算每个待定点的高程，也可以选择计算闭合差等选项显示闭合差，如果想生成平差报告，可以点击"窗口→平差报告"，来生成 PDF 格式平差报告。平差报告包括控制网属性、控制网概况、闭合差统计表、方向观测成果表、距离观测成果表、高差观测成果表、平面点位误差表、点间误差表、控制点成果表等。也可根据自己的需要选择显示或打印其中某一项，成果表打印时其页面也可自由设置。

平差报告属性如图 4-18 所示。

（1）成果输出：统计页、观测值、精度表、坐标、闭合差、自定义表格等，需要打印某种成果表时就在相应的成果表前打"√"。

（2）输出精度：可根据需要设置平差报告中坐标、距离、高程和角度的小数位数。

图 4-18　平差报告属性

(3)打印页面设置:打印的长和宽的设置。

控制网平差报告中生成的高程平差结果如表 4-8 所示。

表 4-8　高程平差结果表

点号	高差改正数/m	改正后高差/m	高程中误差/m	平差后高程/m	备注
A					已知点
2					
2					
3					
3					
4					
4					
B					已知点

第 5 章 RTK 控制测量

RTK(real-time kinematic)是一种实时动态载波相位差分技术,能够在野外实时得到厘米级定位精度,极大地提高了作业效率。在 GNSS 首级控制网建立完成后,可以利用 RTK 技术进行加密控制网的布设。本章以二级 RTK 平面控制测量为例,从 RTK 测量基本原理、RTK 控制测量要求、RTK 控制测量操作等方面详细阐述 RTK 控制测量方法。

5.1 RTK 测量基本原理

实时动态测量(RTK)技术是以载波相位观测量为依据的实时 GNSS 测量技术,它是 GNSS 测量技术发展中的一个新突破,可达实时厘米级精度。

1. RTK 作业原理

RTK 测量按照基准站数量可分为单基准站 RTK 和网络 RTK。单基准站 RTK 和网络 RTK 的基本原理均基于载波相位相对定位,但具体实现方法有差别。下面分别阐述其作业原理。

(1)单基准站 RTK。

单基准站 RTK 选择一个已知坐标的控制点或任意未知点,安置一台 GNSS 接收机作为基准站,实时地将测量的载波相位观测值、伪距观测值、基准站坐标、导航星历等信息编码为差分信号格式后用无线电、网络等通信方式传送出去,单基准站 RTK 原理示意图如图 5-1 所示。

流动站通过无线电接收基准站发射的信息,将载波相位观测值实时进行相对定位处理,得到基准站和流动站之间的基线坐标差($\Delta X, \Delta Y, \Delta Z$);坐标差加上基准站坐标得到流动站每个点的 WGS-84 坐标,通过坐标转换参数转换得到流动站在目标坐标系下的平面坐标(x, y)和正常高 h。

(2)网络 RTK。

网络 RTK 依靠通信网络将多个连续运行参考系统(CORS)站点数据实时传输到 CORS 数据中心,联合若干 CORS 站数据解算电离层、对流层等误差影响,并用移动通信发送给

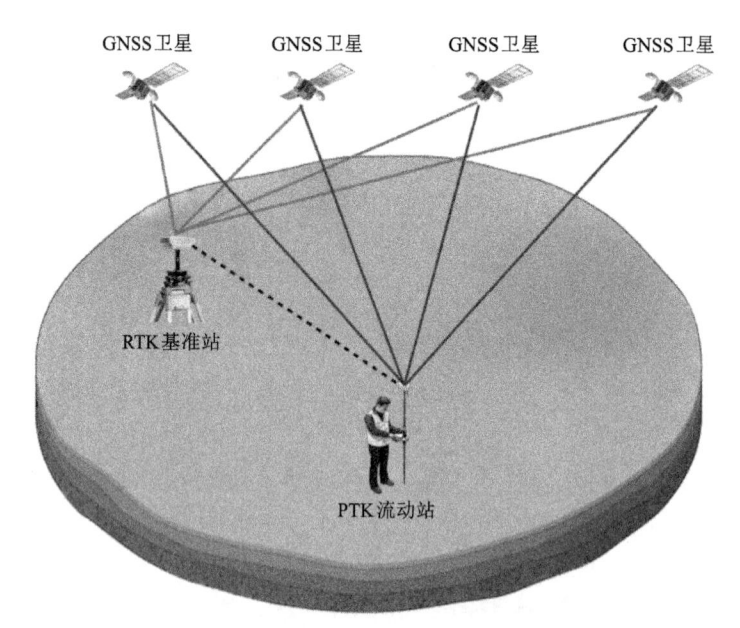

图 5-1　单基准站 RTK 原理示意图

用户,以提高单基准站 RTK 定位的可靠性和精度,网络 RTK 原理示意图如图 5-2 所示。特别地,可仅使用单个 CORS 站作为基准站,此时相当于单基准站 RTK。

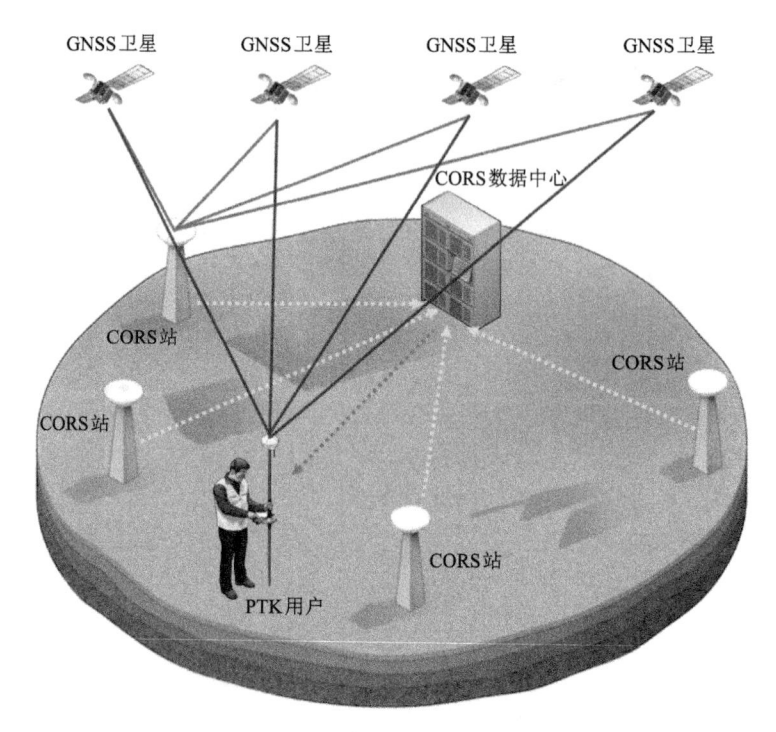

图 5-2　网络 RTK 原理示意图

2. RTK 系统组成

以单基准站 RTK 为例,说明 RTK 系统组成,如图 5-3 所示,RTK 系统由基准站接收机、数据链、流动站接收机三部分组成。单基准站 RTK 系统各组成部分关系如图 5-4 所示。

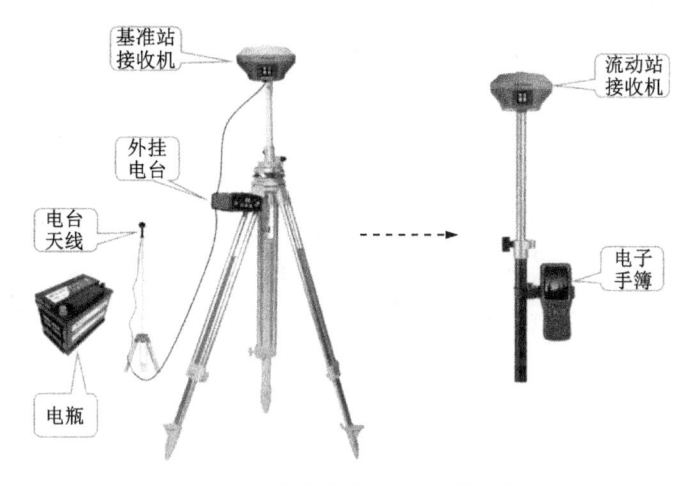

图 5-3 单基准站 RTK 系统组成

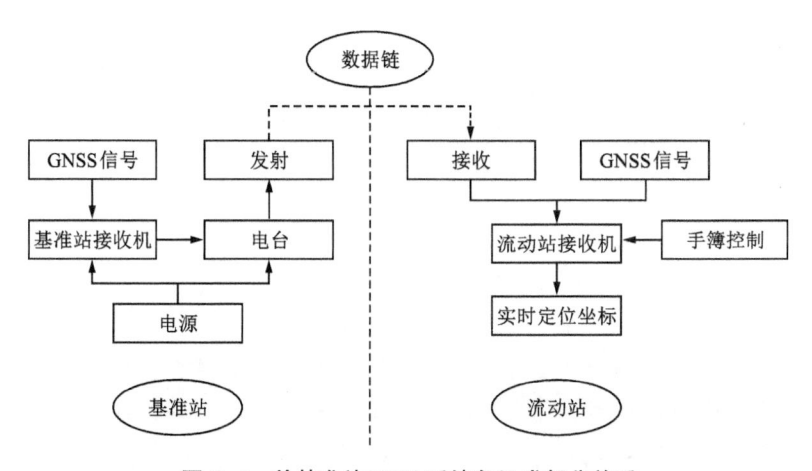

图 5-4 单基准站 RTK 系统各组成部分关系

(1)基准站接收机。

基准站采用高质量的多频多模 GNSS 接收机,以及用于架设和维持基准站运行的三脚架、天线、电源等设备。基准站参数配置需借助 RTK 手簿完成,接收机厂商一般配备有专用电子手簿,或直接将配置软件安装于智能手机上,将智能手机作为手簿。基准站架设在对空通视良好的已知控制点或任一未知点上,将接收到的 GNSS 原始观测值、导航星历以及测站坐标等信息编码为标准的差分信号通信格式(如 RTCM),传输至数据链。

(2)数据链。

单基准站 RTK 可采用电台通信技术、移动通信技术或网络技术完成基准站与流动站之间的通信链路搭建,将基准站差分信号实时向外广播。其中,长时间在野外作业时一般采用电台通信技术,避免通信信号弱。在这种情况下,基准站需单独配置外挂电台,流动站一般直接使用接收机内置电台即可。

(3)流动站接收机。

单个基准站可同时服务多个流动站,流动站采用多频多模 RTK 接收机,通过数据链路接收基准站差分信号并解码差分信号,传输至 RTK 解算模块,与配套手簿、电源、对中杆等设备完成作业。其中,RTK 手簿用于 RTK 接收机的参数设置、实时查看和记录坐标、完成放样等工作。

3. RTK 测量中的坐标转换

RTK 测量得到的三维坐标为 GNSS 卫星系统对应的地心坐标系,在应用 RTK 进行测量作业的过程中,需要将坐标测量结果实时转换为所需的特定坐标系下的平面坐标和特定高程系统下的高程。此过程的主要工作是坐标基准的转换,其转换方法主要有三参数法、四参数法与七参数法。

(1)三参数法。

三参数法以一个目标坐标系坐标作为起算点,求取两个空间的三维直角坐标系在 X、Y、Z 三个方向的平移参数 ΔX、ΔY、ΔZ,即

$$\begin{bmatrix} X \\ Y \\ Z \end{bmatrix}_T = \begin{bmatrix} X \\ Y \\ Z \end{bmatrix}_G + \begin{bmatrix} \Delta X \\ \Delta Y \\ \Delta Z \end{bmatrix} \tag{5-1}$$

三参数法主要用于测区范围小、精度要求较低的项目中。

(2)四参数法。

四参数法求取两个平面坐标系之间的平移参数、旋转参数和缩放参数,即 Δx、Δy、α、m:

$$\begin{bmatrix} x \\ y \end{bmatrix}_T = \begin{bmatrix} \Delta x \\ \Delta y \end{bmatrix} + (1+m) \begin{bmatrix} \cos \alpha & \sin \alpha \\ -\sin \alpha & \cos \alpha \end{bmatrix} \begin{bmatrix} x \\ y \end{bmatrix}_G \tag{5-2}$$

四参数法至少需要有两个已知点,即利用测得的 GNSS-E 级点的地心坐标系数据与已知的目标坐标系数据进行参数计算,得到四个转换参数。用四参数法得到的转换之后的平面坐标,主要用于普通的测量以及放样,一般还需配合高程拟合方法得到三维坐标,高程拟合的原理已在前面介绍过,此处不再赘述。

(3)七参数法。

七参数法是指求取两个空间三维直角坐标系的 7 个参数值,包括三个方向的平移参数 ΔX、ΔY、ΔZ,旋转参数 ε_x、ε_y、ε_z,以及缩放尺度比 m:

$$\begin{bmatrix} X \\ Y \\ Z \end{bmatrix}_T = (1+m) \begin{bmatrix} 1 & \varepsilon_z & -\varepsilon_y \\ -\varepsilon_z & 1 & \varepsilon_x \\ \varepsilon_y & -\varepsilon_x & 1 \end{bmatrix} \begin{bmatrix} X \\ Y \\ Z \end{bmatrix}_G + \begin{bmatrix} \Delta X \\ \Delta Y \\ \Delta Z \end{bmatrix} \tag{5-3}$$

该方法需要 3 个及以上已知点作为起算点,相比三参数法和四参数法,七参数法的应用更广泛,控制范围更大。

5.2 RTK 控制测量要求

RTK 技术的出现给传统控制测量技术带来了巨大的变革，RTK 技术除了具有 GNSS 的所有特点和优势外，与传统测量技术相比，它还具有定位精度高、作业面积大、作业简单高效、自动化程度高等优点。RTK 测量可达实时厘米级精度，可用于低精度控制测量、地形图测绘和放样等工程，其中 RTK 控制测量适用于布测或加密数字测图图根控制点。本节在前面已建立的 GNSS 首级控制网基础上，进一步采用 RTK 技术进行加密控制测量。

1. RTK 控制测量技术设计

RTK 控制测量前，应根据任务需要，收集测区高等级控制点的地心坐标、参心坐标、坐标系统转换参数和高程成果等，按照技术规范要求进行技术设计。

（1）RTK 控制测量等级。

RTK 平面控制点可按精度划分为一级控制点、二级控制点、三级控制点，RTK 高程控制点可按精度划分为等外高程控制点。本节以二级 RTK 平面测量和五等 RTK 高程测量为例，阐述 RTK 加密控制测量过程。

（2）RTK 基准设计。

本节采用单基准站 RTK 技术进行加密控制测量，条件允许时也可采用网络 RTK 或单 CORS 站 RTK。自设基准站应选择在高一级控制点上，用电台进行数据传输时，基准站宜选择在测区相对较高的位置。

（3）布网设计。

RTK 平面控制点可以逐级布设、越级布设或一次性全面布设，每个控制点宜保证有一个以上的通视方向。点位经实际踏勘确定埋石后，还须作出点位说明，如表 5-1 所示。本节在已建立的 GNSS 首级控制网基础上开展 RTK 加密控制测量，服务于数字地形图测量，因而需充分考虑测图的点位密度需求和控制点之间的通视情况。

表 5-1　RTK 点位说明

点名			点号			级别		网区	
所在图幅						点位略图			
概略位置	B: ° ′ ″		L: ° ′ ″			H: m			
点位说明									
选点者			选点日期						
埋石者			埋石日期						

(4)观测作业设计。

在进行 RTK 测量时,卫星跟踪状态应符合表 5-2 规定。

表 5-2　RTK 测量作业卫星跟踪状态要求

卫星观测状态	截止高度角 15°以上的卫星个数	PDOP 值
良好	≥6	<4
可用	5	≥4 且≤6
不可用	<5	>6

数据记录时,经、纬度记录精确至 0.00001″,平面坐标和高程记录精确至 0.001 m,天线高量取精确至 0.001 m。

RTK 平面和高程控制测量具体作业要求见后述章节。

2. RTK 平面控制测量

(1)RTK 平面控制测量主要技术要求。

RTK 平面控制测量主要技术指标要符合表 5-3 的规定。

表 5-3　RTK 平面控制测量主要技术指标

等级	相邻点间距离/m	点位中误差/cm	边长相对中误差	与基准站的距离/km	观测次数/次	起算点等级
二级	≥300	≥-5 且≤5	≤1/10000	≤5	≥3	一级及以上

注:点位中误差指控制点相对于起算点的误差。

(2)RTK 平面控制点坐标的测定。

①RTK 控制点平面坐标测量时,流动站采集卫星观测数据,并通过数据链接收来自基准站的数据,在系统内组成差分观测值进行实时处理,通过坐标转换方法将观测得到的地心坐标转换为目标坐标系中的平面坐标。

②在获取测区坐标系统转换参数时,可以直接利用已知的参数。在没有已知转换参数时,可以自行求解。地心坐标系(WGS-84 坐标系)与参心坐标系(如地方独立坐标系)转换参数的求解,应采用不少于 3 个点的高等级起算点两套坐标系成果,所选起算点应分布均匀,且能控制整个测区。转换时应根据测区范围及具体情况,对起算点进行可靠性检验,采用合理的数学模型,采用多种点组合方式分别进行计算和优选。

③基准站的技术要求。

用电台进行数据传输时,基准站宜选择在测区相对较高的位置,选择无线电台通信方式时,应按约定的工作频率进行数据链设置,以避免串频;应正确设置随机软件中对应的仪器类型、电台类型、电台频率、天线类型、数据端口、蓝牙端口等;应正确设置基准站坐标、数据单位、尺度因子、投影参数和接收机天线高等参数。

④流动站的技术要求。

用测量手簿设置流动站的地心坐标系(WGS-84 坐标系)与当地坐标的转换参数、平面和高程的收敛精度，设置与基准站的通信；RTK 测量流动站不宜在隐蔽地带、成片水域和强电磁波干扰源附近观测；观测开始前应对仪器进行初始化，并得到固定解，当长时间不能获得固定解时，宜断开通信链路，再次进行初始化操作；每测回观测之间，流动站应重新初始化；作业过程中，如出现卫星信号失锁，应重新初始化，并经已知坐标点测量检测合格后，方能继续作业；每次作业开始与结束前，均应进行一个以上已知点的检核。

⑤精度要求。

RTK 控制点测量平面坐标转换残差应≥-2 cm 且≤2 cm；测量手簿设置控制点的单次观测的平面收敛精度应≥-2 cm 且≤2 cm；RTK 平面控制点测量流动站观测时应采用三脚架对中、整平，每次观测历元数应大于 20 个，各次测量的平面坐标较差应满足≥-4 cm 且≤4 cm 要求后取中数作为最终结果；进行后处理动态测量时，流动站应先在静止状态下观测 10~15 min，然后在不丢失初始化状态的前提下进行动态测量。

3. RTK 高程控制测量

（1）RTK 高程控制测量主要技术要求。

RTK 高程控制点的埋设一般与 RTK 平面控制点同步进行，标石可以重合。RTK 高程控制测量主要技术要求应符合表 5-4 的规定。

表 5-4 RTK 高程控制测量主要技术指标

等级	高程中误差/cm	与基准站的距离/km	观测次数/次	起算点等级
五等	≤±3	≤5	≥3	四等水准及以上

注：高程中误差指控制点高程相对于起算点的误差。

（2）RTK 高程控制点高程的测定。

①RTK 控制点高程的测定，是将流动站测得的大地高减去流动站的高程异常。

②流动站的高程异常可以采用数学拟合方法获取，拟合的起算点平原地区一般不少于 6 个点，拟合的起算点点位应均匀分布于测区四周及中间，间距一般不宜超过 5 km，地形起伏较大时，应按测区地形特征适当增加拟合的起算点数。

③RTK 高程控制点测量基准站、流动站的技术要求，参照 RTK 平面控制点测量要求执行。

④精度要求。

RTK 高程控制测量高程异常拟合残差应≥-3 cm 且≤3 cm，RTK 高程控制测量设置高程收敛精度应≥-3 cm 且≤3 cm；RTK 高程控制测量流动站观测时应采用三脚架对中、整平，每次观测历元数应大于 20 个，各次测量的高程较差应满足≥-4 cm 且≤4 cm 要求后取中数作为最终结果。

4. RTK 数据处理与检查

RTK 控制测量外业采集的数据应及时进行备份和内外业检查。RTK 控制测量外业观测记录采用仪器自带内存卡或测量手簿，记录项目及成果输出包括下列内容：参考点的点名(号)、残差、转换参数；基准站点名(号)、流动站点名(号)；基准站、流动站的天线高、观测时间；基准站发送给流动站的基准站地心坐标、地心坐标的增量；流动站的平面、高程收敛精度；流动站的地心坐标、平面和高程成果；测区转换参考点、观测点网图。

用 RTK 技术施测的平面控制点成果应进行 100% 内业检查和不少于 10% 总点数的外业检测，外业检测可采用相应等级的卫星定位静态技术测定坐标、全站仪测量边长和角度等方法，检测点应均匀分布测区。RTK 平面控制测量检核指标应满足表 5-5 的要求。

表 5-5 RTK 平面控制测量检核指标

等级	边长校核		角度校核		坐标校核
	测距中误差/mm	边长较差的相对误差	测角中误差/(″)	角度较差限差/(″)	坐标较差中误差/cm
二级	≥-15 且 ≤15	≤1/7000	≥-8 且 ≤8	≤20	≥-5 且 ≤5

用 RTK 技术施测的高程控制点成果应进行 100% 内业检查和不少于 10% 总点数的外业检测。外业检测可采用相应等级的三角高程、几何水准测量等方法，检测点应均匀分布测区。RTK 平面高程测量检核指标应满足表 5-6 的要求。

表 5-6 RTK 高程测量检核指标

等级	高差较差/mm
五等	≤ $40\sqrt{D}$

注：D 为检测线路长度，以 km 为单位，不足 1 km 时按 1 km 计算。

5.3 RTK 控制测量操作

本节以中海达 iRTK5 接收机为例，讲解 RTK 测量具体作业方法，此例中基准站和流动站均采用该接收机。利用 iRTK5 进行 RTK 测量时需通过 Hi-Survey APP 作为控制软件完成项目参数配置和测量工作，Hi-Survey APP 基于 Android 操作系统开发，可安装于 RTK 专用手簿或智能手机上。

5.3.1 工程建立

在 RTK 作业前，安置好基准站接收机、基准站电台、流动站接收机及电源等附属设备，并建立本次作业的工程项目。

1. 建立新项目

利用手簿打开 Hi-Survey 软件，单击【项目】中的【项目信息】按钮，可对项目进行打开、新建和恢复操作，如图 5-5 所示。

在"项目名"一栏中输入项目名后，单击右上角【确定】，即可完成新建项目操作。新建项目后，下一步将进行项目参数的设置。

图 5-5 建立新项目

长按已建立的项目，下方出现【删除】【属性】和【打开】键，单击对应的按键可以进行相应的删除、属性查看和打开操作，如图 5-6 所示。打开项目后，后续测量工作将按当前项目设置执行，当此项目处于打开状态时，不可执行删除操作，需打开其他项目后再删除。

图 5-6 项目删除

2. 坐标系统设置

在定义坐标系统时，首次输入的参数主要在【投影】和【基准面】选项卡里，如图 5-7 所示。

在【投影】选项卡中，通常采用高斯三度带进行投影，需设置的参数主要是"中央子午线"，在不清楚的情况下，可以单击"⊕"自动获取。

在【基准面】选项卡里，需设置"目标椭球"，可以按照已有控制点坐标系统资料进行设置，其中的【源椭球】一般情况下选择 WGS-84。

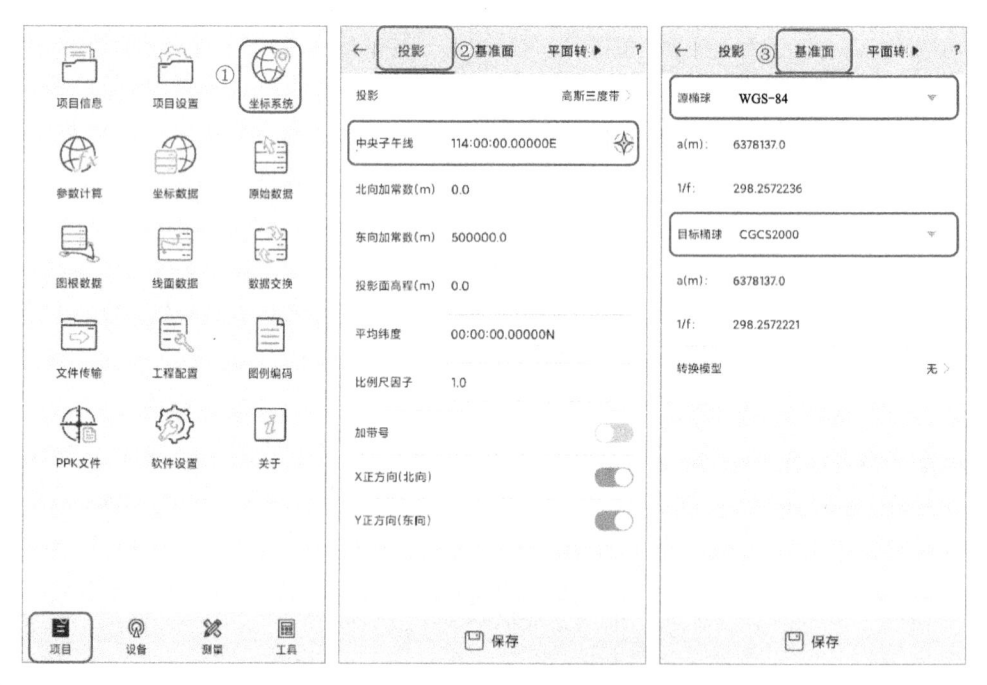

图 5-7 坐标系统投影和基准面设置

5.3.2 基准站设置

完成项目建立后，可进行基准站设置。设置前应确保设备架设、电源连接、通信连接、天线量高等工作已完成，基准站设置完成并启动后，不得移动基准站，否则须重新设置。在观测作业中，也应避免基准站发生移动或出现供电、通信等异常。

1. 连接基准站接收机

iRTK5 支持蓝牙、网络、Wi-Fi 等多种方式与手簿连接，本例演示通过蓝牙连接接收机主机，如图 5-8 所示。其主要步骤为：打开 Hi-Survey 软件，选择【设备】，点击【设备连接】；在连接方式中选择"蓝牙"，点击【连接】；选择对应设备号（设备号见主机底部）进行主机连接，若设备号不在已配对设备中，可通过点击页面下方【搜索设备】进行搜索。

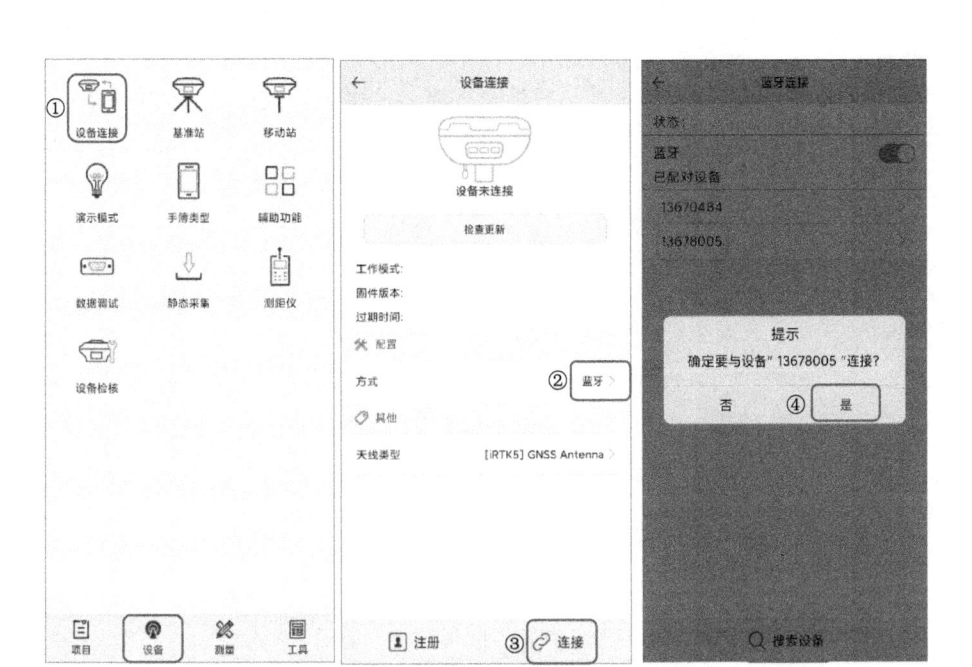

图 5-8　设备连接

2. 设置基准站

手簿成功连接至接收机后方可进行基准站设置，如图 5-9 所示，点击【基准站】进行基准站设置。

图 5-9　基准站设置

(1) 设置基准站坐标。

自主架设基准站时，基准站坐标的设置十分重要，直接关系到 RTK 测量成果。如果基准站设置在未知点上,则选择"平滑设站"获得基准点的坐标。如果基准站设置在已知点上,则选择"已知点设站",直接输入已知点的 WGS-84 坐标。此处还需设置基准站的天线高,天线高的量取方式有三种,按示意图量取即可。基准站坐标设置如图 5-10 所示。

图 5-10　基准站坐标设置

(2) 数据链设置。

选择正确的数据链,并设置好参数,分别有内置电台、内置网络、外挂电台三种模式,不同的模式需配置不同的参数。本例选择外挂电台,将接收机连接至电台,在电台中配置波特率等参数,点击手簿中【配置外挂电台参数】自动进行参数配置。同时需设置数据通信的电文格式和截止高度角,通用的差分数据格式为 RTCM 格式,基准站的截止高度角不宜过高。配置完成后,外挂电台 TX 灯闪烁(正常为一秒闪烁一次),表示连接成功。数据链设置如图 5-11 所示。

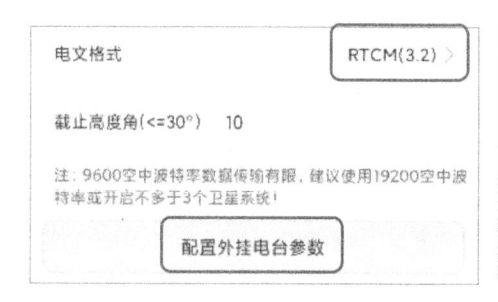

图 5-11　数据链设置

5.3.3 流动站设置

完成基准站设置后,再进行流动站设置,如图 5-12 所示。

手簿连接流动站主机,进入【移动站】设置,数据链选项为内置电台、内置网络以及手簿差分等。如基准站选择的数据链是电台,在流动站选择数据链为"内置电台"(使用内置电台时,流动站接收机需连接好内置电台小天线),并将频道和电文协议参数设置为与基准站一致。此处根据实际情况设置卫星截止高度角。最后点击【设置】,设置成功后,接收机会通过语音播报当前模式。

图 5-12 流动站设置

如果基准站的数据链采用"内置网络"模式,流动站的数据链可采用"手簿差分"模式,此时,可以在【设置】页面将手簿连上测量员的手机 WI-FI 热点,并进行通信参数设置,包括数据链、服务器、IP 地址、端口、源节点、用户名和密码。

5.3.4 转换参数求解

GNSS 测量直接得到的坐标为卫星系统对应的地心坐标系,一般为 WGS-84 坐标系,需要将测量坐标转换为所需的参心坐标系统。

1. 转换模型设置

进入【参数计算】界面,如图 5-13 所示。计算类型选择"四参数+高程拟合",并根据实际情况选择相应的高程拟合模型,软件支持固定差改正、平面拟合、曲面拟合等模型,本例选择"平面拟合"。下一步将进行已知点坐标录入。

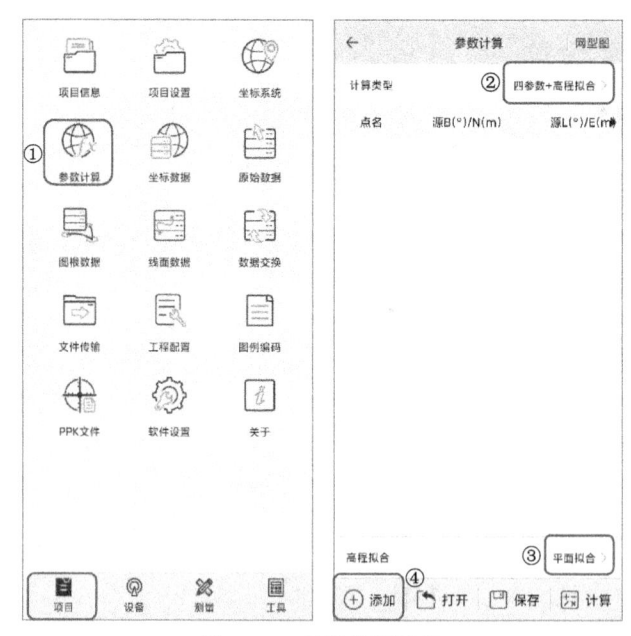

图 5-13　转换模型设置

2. 已知点坐标录入

点击【添加】按钮，进入点对坐标信息界面，如图 5-14 所示。录入测得的 GNSS-E 级点的地心坐标系数据和已知的目标坐标系数据，保存后即完成了一个控制点的点对坐标信息录入，坐标保存后仍可编辑修改。注意：四参数法至少需要 2 个已知点，平面拟合至少需要 3 个已知点，且控制点应分布均匀。

图 5-14　已知点坐标录入

3. 计算转换参数

添加完点对坐标信息后，选择参数计算的坐标点，点击【计算】，计算完成后可查看残差和计算参数，此过程需要确认"尺度（K）"处于正常范围（尺度范围应为 0.997～1.003），确认无误后点击【应用】完成转换参数设置。计算转换参数如图 5-15 所示。

图 5-15 计算转换参数

4. 转换参数校核

为保证求得的转换参数可靠，在 RTK 测量作业前须进行参数校核。在其他已知坐标的控制点上按已设置转换参数进行 RTK 测量，将测量结果与已知坐标进行对比，符合规范规定的限差要求则认为转换参数正确，之后即可进行测量作业。

5.3.5 RTK 控制测量作业

iRTK5 可执行多种 RTK 作业类型，包括 RTK 碎部测量、RTK 放样和 RTK 控制测量，在完成基准站和移动站设置后，点击【测量】→【碎部测量】→【点放样】→【图根测量】进入对应功能界面。

本次采用【图根测量】进行 RTK 控制测量，如图 5-16 所示。点击【配置】对图根测量进行参数配置，如图 5-17 所示，主要设置测回个数和平滑次数，其中测回个数即为规范要求的测量次数。RTK 控制测量需通过三脚架架设，选择"杆高"设置目标高，按照对应方式测量后输入目标高。完成配置后，当 HRMS 和 VRMS 值较小时，在【图根测量】界面点击【开始】即可开始测量。

测量过程中，每个测回达到平滑历元数后，完成一个测回的测量，并在右滑页面显示每个历元的坐标；待复位完成后，便开始下一个测回的测量，直至完成全部测回。每个测回均完成后，设备自动保存坐标，并准备下一个测站的工作。当测量过程中精度变差时，也可暂停或停止，并重新开始测量。图根测量过程状态如图 5-18 所示。

图 5-16　图根测量

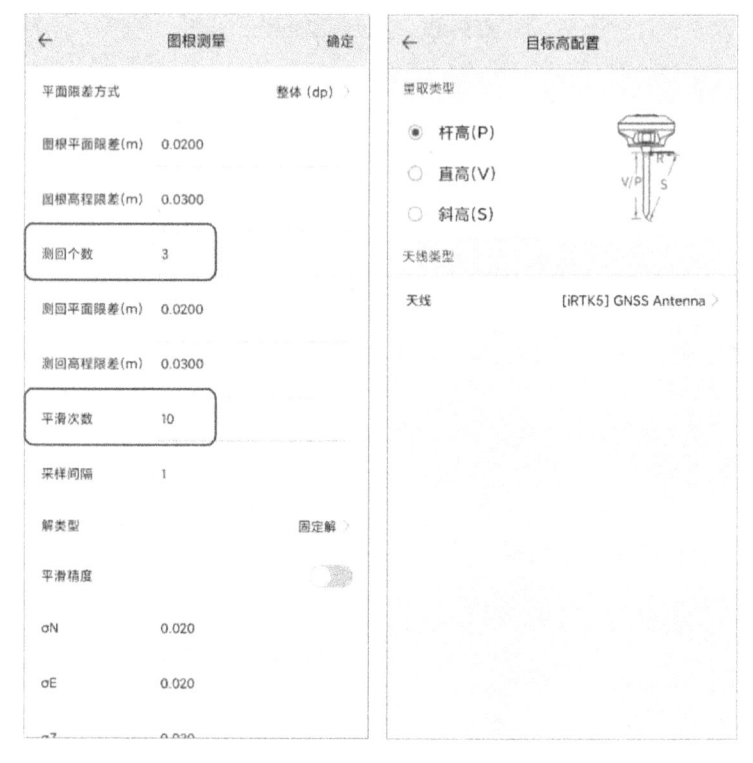

图 5-17　图根测量参数配置

图 5-18　图根测量过程状态

在外业观测过程中，还需进行观测记录，表 5-7 提供了 RTK 测量参考站观测手簿。

表 5-7　RTK 测量参考站观测手簿

观测者：　　　　　　　　　　　　　　　　观测日期：　　年　　月　　日

点号		点名		参考点等级	
观测记录员		观测日期		采样间隔	
接收机类型		接收机编号		开始记录时间	
天线类型		天线编号		结束记录时间	
近似纬度 N	° ′ ″	近似经度 E	° ′ ″	近似高程 H	m
天线高测定		天线高测定方法及略图		点位略图	
测前	测后				
平均值：	平均值：				

RTK 测量参考点的转换残差及转换参数参见表 5-8。

表 5-8　RTK 测量参考点的转换残差及转换参数表

参考点的 WGS-84 坐标与当地坐标的转换残差			
序号	参考点名(号)	平面残差/cm	高程残差/cm
参考点的 WGS-84 坐标与当地坐标的转换参数			
平面转换参数			
高程转换参数			

5.3.6　成果输出

测量完成后,可在手簿主界面【图根数据】中查看测量坐标成果,如图 5-19 所示。

在【数据交换】中选择【图根数据】,设置文件名,并通过【⚙】设置坐标格式和精度后,点击【确定】,即可将手簿中的坐标数据导出为.csv 格式数据。最后,将手簿与电脑用配套的 USB 数据线连接,按照存储目录找到对应文件,即可导出坐标数据文件。导出坐标数据过程如图 5-20 所示。

图 5-19 查看测量坐标数据

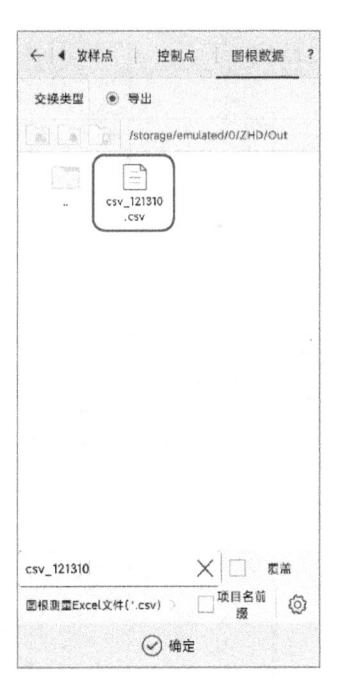

图 5-20 导出坐标数据

导出坐标数据后,可以对坐标数据进行整理,制作平面坐标及高程成果表,如表 5-9 所示。

表 5-9　RTK 测量三次点位平面坐标及高程成果表

参考站名称：　　　　　　　观测者：　　　　　　　　　　　　　　　　　　　观测日期：　　年　　月　　日

序号	点号	第一次坐标/m			第二次坐标/m			第三次坐标/m			中数/m		
		X_1	Y_1	H_1	X_2	Y_2	H_2	X_3	Y_3	H_3	X	Y	H

第 6 章 导线控制测量

导线布设较为灵活，可作为平面加密控制的一种手段。导线测量只需前、后两个方向通视，易于跨越障碍，且网中各点方向数较少，除节点外只有两个方向，便于在隐蔽地区克服地形障碍。导线网的等级划分依据其精度具体分为三、四等和一、二、三级。不同等级的导线测量在技术要求上有所不同，包括测站数、测角中误差、测距中误差、方位角闭合差以及导线全长相对闭合差等参数。本章以二级导线测量为例，从导线测量基本原理、测量仪器全站仪、全站仪使用方法、全站仪的检验与校正、导线布设与技术要求、导线测量外业观测、导线测量内业计算、导线测量数据处理软件等方面详细阐述了导线控制测量。

6.1 导线测量基本原理

导线测量的基本原理是通过将导线点按相邻次序连成折线形式，测定各折线边的边长和相互之间的角度，然后根据起始数据推算各导线点坐标的方法。导线测量布设灵活，容易克服地形障碍。它只要求相邻两点通视，便于组织观测。由于导线结构简单，检核条件少，不易发现粗差，可靠性不高。另外，它的控制面积不大，主要用于建立小区域平面控制网，特别适用于视线容易被遮挡的建筑区域或测区为带状的地区。导线测量根据布设形式的不同，可以分为附合导线、闭合导线和支导线。在导线测量中，通常使用全站仪测量转折角及导线边长，导线测量的等级根据国家平面控制网按测区范围和精度要求分为三、四等和一、二和三级。

导线测量通过观测水平角、截止高度角、斜距，计算观测点在该局部坐标系中的坐标以及高程，然后再加上已知坐标的测站点的平面坐标和高程，最后得到观测点的统一坐标。在测站进行导线测量的原理如图 6-1 所示。在 O 点(称为测站点)安置仪器，选择 P 点(称为后视点)作为水平角观测的起始方向，起始边方位角为 α_{OP}。要测量未知点的坐标，则在该点上架设棱镜，通过观测水平角 β，截止高度角 E，斜距 SD，计算未知点以 O 点为原点的坐标(dx, dy, dz)，然后考虑 O 点本身的坐标(N_0, E_0, Z_0)，可得到未知点的三维坐标(N_1, E_1, Z_1)，其计算公式如式(6-1)和式(6-2)所示。

$$\begin{cases} \mathrm{d}x = SD \cdot \cos E \cdot \cos(\alpha_{OP} + \beta) \\ \mathrm{d}y = SD \cdot \cos E \cdot \sin(\alpha_{OP} + \beta) \\ \mathrm{d}z = SD \cdot \sin E + i - v \end{cases} \quad (6-1)$$

$$\begin{cases} N_1 = N_0 + \mathrm{d}x \\ E_1 = E_0 + \mathrm{d}y \\ Z_1 = Z_0 + \mathrm{d}z \end{cases} \quad (6-2)$$

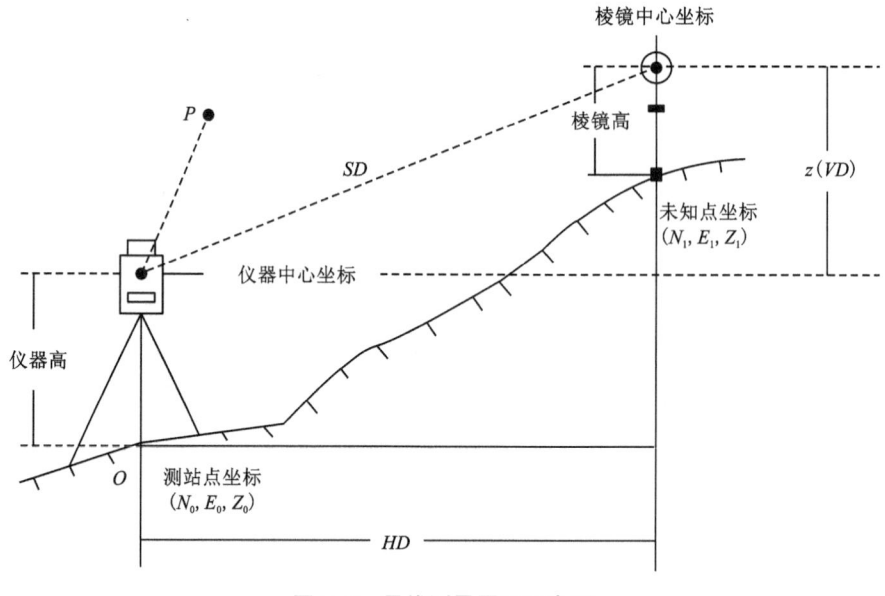

图 6-1 导线测量原理示意图

6.2 测量仪器

全站仪可以同时进行水平角、垂直角和边长测量，因而在导线测量中通常利用全站仪进行外业测量工作。全站仪具有测量和计算存储数据的功能，利用仪器内部自带的应用软件可以完成指定的导线测量任务。本节以中纬 ZT80 全站仪为例阐述全站仪的结构和功能。

6.2.1 全站仪的结构

ZT80 全站仪仪器配置主要包括：基座及主机、锂电池、雨布、用户手册、锂电池充电器、数据线(USB)和 U 盘。ZT80 全站仪主机构成如图 6-2 所示。仪器主要包括以下结构：提手、粗瞄、物镜、垂直微动、RS232 数据口及 USB 数据口、USB 主机端口、水平微动、键盘、望远镜调焦螺旋、目镜、电池盒、脚螺旋、机身圆气泡、LCD 显示屏、键盘。

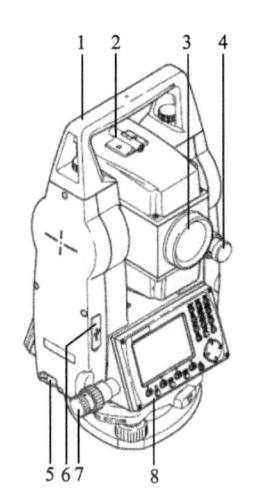

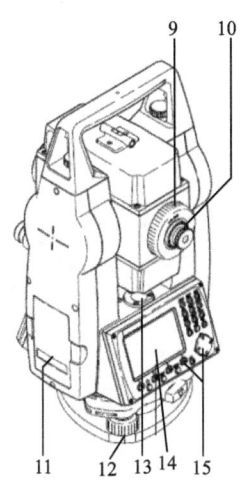

1—提手；2—粗瞄；3—物镜；4—垂直微动；
5—RS232数据口及USB数据口；6—USB主机端口；
7—水平微动；8—键盘。

9—望远镜调焦螺旋；10—目镜；11—电池盒；
12—脚螺旋；13—机身圆气泡；14—LCD显示屏；15—键盘。

图 6-2　ZT80 全站仪主机构成示意图

6.2.2　全站仪的功能

1. 键盘功能按键介绍

ZT80 全站仪键盘功能按键主要包括：翻页键、FNC 键（功能键）、导航键、开关键（回车键）、ESC 键、软功能键以及数字/字母按键，具体功能描述如表 6-1 所示。

表 6-1　键盘功能按键介绍

按键	描述
	翻页键，当前显示大于一页时，用于翻至其他显示页面
 FNC	FNC 键（功能键），快速进入功能设置界面
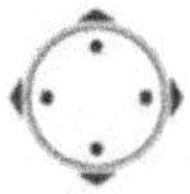	导航键，当处于非输入状态时用于控制光标的移动；当处于输入状态时可以进行插入和删除相应的字符，同时控制输入光标的位置
	第一功能开关键，利用该按键进行开关机操作 第二功能回车键，确认输入并进入下一个界面

续表6-1

按键	描述
ESC	ESC 键，退出当前屏幕或编辑状态并且放弃修改，回到更高一级界面
F1 F2 F3 F4	软功能键，用于实现屏幕下方 F1 至 F4 位置处所显示的软功能按键的相应功能
数字/字母按键	数字/字母按键，用于输入字符或数字

2. 屏幕显示

ZT80 全站仪屏幕显示界面如图 6-3 所示，主要包括当前界面标题、光标、图标区、数据显示区以及软功能。

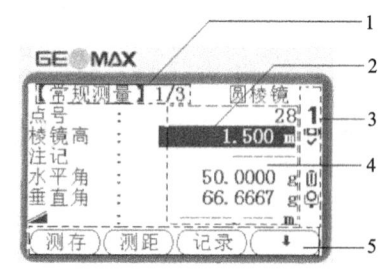

1—当前界面标题；2—光标；3—图标区；4—数据显示区；5—软功能。

图 6-3　ZT80 全站仪屏幕显示界面

3. 主菜单

主菜单是访问仪器所有功能的开始界面，通常是在开机并完成整平/对中后显示的。ZT80 全站仪主菜单界面如图 6-4 所示，主菜单功能描述如表 6-2 所示。

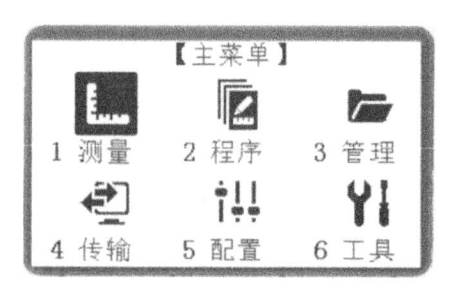

图 6-4　ZT80 全站仪主菜单界面

表 6-2　主菜单功能描述表

功能	说明
测量	测量程序可立即开始测量
程序	选择并启动应用程序
管理	管理作业、数据、编码表、格式文件、系统内存和 USB 存储卡文件
传输	输出和输入数据
配置	更改 EDM 配置、通信参数和一般仪器设置
工具	进入与仪器相关的工具，如检查和调校、自定义启动设置、PIN 码设置、许可码和系统信息

4. 常规测量

开机并正确进行设置后，仪器就已经准备好进行测量。在主菜单中选择"测量"，其界面如图 6-5 所示，该界面中向下箭头"↓"包含功能"输入编码""设置测站""水平角置零""设置水平角"。在导线测量前需设置作业、设置测站以及进行定向。常规测量的操作和程序中的测量的操作是一样的。

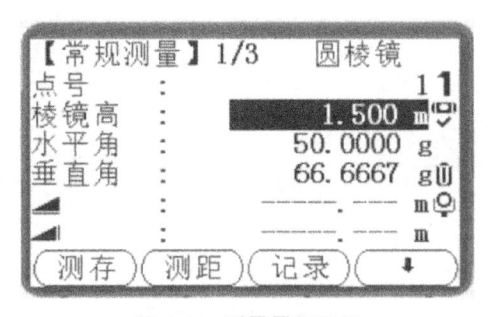

图 6-5　测量界面显示

5. 距离测量

激光测距仪（EDM）安装在中纬 ZT80 全站仪仪器中，可以采用望远镜同轴发射的可见红色激光束测距，有棱镜测量和无棱镜测量两种 EDM 模式。

（1）无棱镜测量。

当启动距离测量时，EDM 会对光路上的物体进行测距。如果此时在光路上有临时障碍物（如通过的汽车，雨、雪或大雾），EDM 所测量的距离是到最近障碍物的距离。在测量时应确保激光束不被靠近光路的任何高反射率的物体反射，避免在进行无棱镜测量时干扰激光束，不要使用两台仪器同时测量一个目标。

（2）棱镜测量。

对棱镜的精确测量必须在"棱镜"模式下进行，应该避免使用"棱镜"模式测量未放置棱镜的强反射目标，比如交通灯，否则即使获得结果，也可能是错误的。当启动距离测量时，EDM 会对光路上的物体进行测距。当测距进行时，如有行人、汽车、动物、摆动的树枝等通过测距光路，会有部分光束反射回仪器，从而导致距离结果不正确，或无法获得测量值。在配合棱镜测距中，当测程在 300 m 以上或 0~30 m，且有物体穿过光束的情况下，测量会受到严重影响。

6.3 全站仪使用方法

6.3.1 全站仪的安置

全站仪的安置主要包括对中和整平两步。对中就是使仪器水平度盘中心与测站点标志中心在同一条铅垂线上，整平是使仪器的竖轴竖直，并使水平度盘处于水平位置。根据仪器携带的对中器不同，安置全站仪可采用垂球对中、光学对中器对中或激光对中器对中。无论采用哪一种对中方法，操作步骤大致相同，如下所示：

(1) 放置三脚架和安置仪器。将三脚架放置在测站点上，使架头中心与地面标志中心大致在同一铅垂线上，并尽量水平。将全站仪放置在三脚架上，拧紧中心螺旋。

(2) 粗对中。固定三脚架一条腿，两手紧握另外两条腿并前后左右移动，同时眼睛观察对中器，使对中器对准测站标志中心，完成粗对中，此后三脚架三条腿在地面上应固定不动，否则将破坏粗对中。

(3) 粗平。将三脚架腿上的固定螺旋松开，同时观察圆水准气泡，通过升降三脚架使圆水准气泡居中。

(4) 精平。调节脚螺旋使水准管气泡居中。首先让水准管平行于任意两个脚螺旋方向，通过相对或相向旋转调节这两个脚螺旋，此时气泡移动方向与左手大拇指方向相同，使水准管气泡居中；然后将仪器旋转 90°，使水准管垂直于这两个脚螺旋方向，调节第三个脚螺旋，使水准管气泡居中。重复前面两步操作，直到在任何方向上气泡都居中为止。

(5) 检查对中。由于粗平和精平会导致仪器竖轴发生变化，进而导致"粗对中"被破坏，此时检查对中，若对中器已偏离标志中心，则轻微松开中心螺旋，在架头上平移（不可旋转）基座完成精确对中，完成精确对中后要记得再次拧紧中心螺旋。然后再检查精平是否已被破坏，若已被破坏则再用脚螺旋完成精平。

(6) 重复进行步骤(4)和(5)两步操作，直到对中和整平都满足要求。

6.3.2 水平角观测

水平角观测可以分为测回法观测与方向法观测。测回法观测水平角如图 6-6 所示，在测站 O 点处安置全站仪，完成对中和整平，并选择两个目标 A、B 进行水平角观测，打开仪器后按键进入角度测量模式。先利用盘左进行观测，竖直度盘位于观测方向的左手边即为盘左。瞄准目标 A 稍偏左一点，并旋紧制动螺旋，将水平度盘置零，重新用微动螺旋精确瞄准目标 A，记下水平度盘读数 $a_左$，松开照准部制动螺旋，顺时针旋转仪器，精确瞄准目标 B，记下水平度盘读数 $b_左$，计算盘左半测回（或上半测回）水平角：

$$\beta_左 = b_左 - a_左 \tag{6-3}$$

随后利用盘右进行观测，松开望远镜制动螺旋并倒转过来，同时将仪器照准部旋转180°（转换为盘右位置），精确瞄准目标 B，记下水平度盘读数 $b_右$，松开照准部制动螺旋，逆时针旋转仪器，精确瞄准目标 A，记下水平度盘读数 $a_右$，计算盘右半测回（或下半测回）水平角：

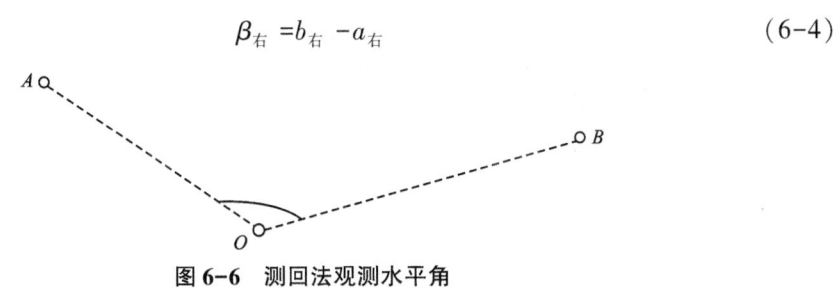

$$\beta_右 = b_右 - a_右 \tag{6-4}$$

图 6-6 测回法观测水平角

进行第二个测回观测时，操作步骤与上述相同，只是在盘左位置瞄准 A 目标时，应按测回数配置度盘，测回法水平角观测记录表如表 6-3 所示。

表 6-3 测回法水平角观测记录表

测站	目标	竖盘	水平度盘读数 ° ′ ″	半测回角值 ° ′ ″	一测回均值 ° ′ ″	备注
O	A	左				
	B					
	B	右				
	A					

方向法观测水平角如图 6-7 所示，以四个方向为例阐述方向法的观测步骤。在测站 O 点处安置全站仪，完成对中和整平，对 A、B、C、D 四个目标进行方向法观测水平角，选择 A 方向为零方向。先进行盘左观测，盘左位置瞄准目标 A 稍偏左一点，并旋紧制动螺旋，将水平度盘置零，然后用微动螺旋精确瞄准目标 A，记下水平度盘读数；松开照准部制动螺旋，顺时针旋转仪器，依次精确瞄准 B、C、D 目标，分别记下水平度盘读数；最后再

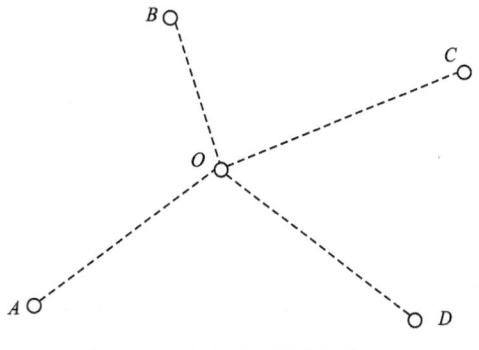

图 6-7 方向法观测水平角

次瞄准 A 方向，并计算归零差。如果归零差不超过限差，则计算零方向平均值，并计算各个目标盘左半测回(或上半测回)水平角。随后进行盘右观测，松开望远镜制动螺旋并倒转过来，同时将仪器照准部旋转 180°转换为盘右位置。精确瞄准目标 A，记下水平度盘读数，然后逆时针旋转仪器，依次精确瞄准 D、C、B 目标，记下水平盘读数，最后再瞄准 A 目标，并计算归零差。如果归零差不超过限差，则计算零方向平均值，并计算各个目标盘右半测回(或下半测回)水平角。将各方向的盘左半测回和盘右半测回角度值取平均，得到各方向一测回方向值。

进行第二个测回时，操作步骤与上述相同，只是在盘左位置瞄准 A 目标时，应按测回数配置度盘，方向法水平角观测记录表如表 6-4 所示。

表 6-4　方向法水平角观测记录表

测站	目标	水平度盘读数 盘左 ° ′ ″	水平度盘读数 盘右 ° ′ ″	半测回方向 盘左 ° ′ ″	半测回方向 盘右 ° ′ ″	一测回方向 ° ′ ″	测回平均值 ° ′ ″	备注
O	A							
	B							
	C							
	D							
	A							

6.3.3 距离观测

全站仪测距时可以用全反射棱镜,也可以用无棱镜模式。全反射棱镜模式必须在待测点处设置带全反射功能的棱镜,这样仪器才能获得足够的反射信号并进行计算,得出距离;无棱镜模式采用的测距信号是激光,当测量较近的目标时,无须在目标点设置全反射棱镜,信号经过物体的漫反射返回全站仪,仪器识别到反射信号并通过计算得出所测目标点的距离。在精密测距中,通常采用全反射棱镜模式,并设置相关参数,包括棱镜常数、大气改正和温度、气压改正等。另外,还需要量测仪器高、棱镜高并输入仪器中。照准目标棱镜中心,按测距键,距离测量开始,测距完成时显示斜距、平距、高差。全站仪的测距模式有精测模式、跟踪模式、粗测模式三种。精测模式是最常用的测距模式,测量时间约 2.5 s,最小显示单位为 1 mm;跟踪模式常用于跟踪移动目标或放样时连续测距,最小显示单位一般为 1 cm,每次测距时间约 0.3 s;粗测模式测量时间约为 0.7 s,最小显示单位为 1 cm 或 1 mm。在距离测量时,可按测距模式键选择不同的测距模式。

6.4 全站仪的检验与校正

全站仪的主要轴线如图 6-8 所示,主要有仪器旋转轴 VV_1(简称竖轴),望远镜的旋转轴 HH_1(简称横轴),望远镜的视准轴 CC_1,照准部水准管轴 LL_1,以及望远镜中的十字横丝和十字竖丝。这些轴线应满足下列条件:①照准部水准管轴应垂直于竖轴;②望远镜的视准轴应垂直于横轴;③横轴应垂直于竖轴;④十字竖丝应垂直于横轴;⑤竖盘指标差应在限差内。全站仪在使用期间及其搬运的过程中会导致仪器的轴系关系发生变化,为检验以上条件是否满足,要对全站仪进行检验,检验不合格时需要进行校正。全站仪具体的检验与校正方法如下所述。

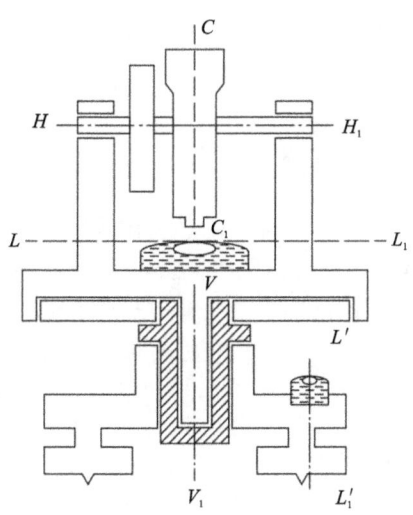

图 6-8 全站仪的主要轴线

6.4.1 照准部水准管轴垂直于竖轴的检验与校正

(1)检验：先将仪器大致整平，转动照准部使其水准管与任意两个脚螺旋的连线平行，调整脚螺旋使气泡居中，然后将照准部旋转180°，若气泡仍然居中则说明照准部水准管轴垂直于竖轴，否则应进行校正。

(2)校正：校正的目的是使水准管轴垂直于竖轴。即用校正针拨动水准管一端的校正螺钉，使气泡向正中间位置退回一半。为使竖轴竖直，再用脚螺旋使气泡居中即可。此项检验与校正必须反复进行，直到满足条件为止。

6.4.2 十字竖丝垂直于横轴的检验与校正

(1)检验：用十字竖丝瞄准白色墙面上一清晰小点，使望远镜绕横轴上下转动，如果小点始终在十字竖丝上移动，则十字竖丝垂直于横轴，否则需要进行校正。

(2)校正：装有十字丝环的目镜通常用压环和四个压环螺钉与望远镜筒相连接。校正时，松开四个压环螺钉，转动目镜筒使小点始终在十字竖丝上移动，校正好后将压环螺钉旋紧。

6.4.3 视准轴垂直于横轴的检验与校正

(1)检验：望远镜的视准轴不垂直于横轴对水平角的影响(用 c 表示)，可以通过对同一目标的盘左和盘右观测进行计算。检验方法为：在距离仪器 100 m 左右的位置选择大致水平(高度角在3°以内)的某一个目标 A，精平仪器，然后分别用盘左和盘右对目标 A 进行观测，顾及常数180°后盘左和盘右的读数差即为2倍的 c 值，即

$$2c = L' - R' \pm 180° \tag{6-5}$$

对于J2经纬仪，c 的绝对值不超过8″，对J6经纬仪，c 的绝对值不超过10″，则认为望远镜的视准轴垂直于横轴，否则需要校正。

(2)校正：对于 c 值的校正可采用电子校正和光学校正两种方法，光学校正一般需由专业人员来操作。对于电子校正，首先精平仪器，然后开机按校正菜单的引导来进行操作。

6.4.4 横轴垂直于竖轴的检验与校正

(1)检验：选择较高墙壁近处安置仪器。以盘左位置瞄准墙壁高处一点 P，仰角最好大于30°，然后放平望远镜在墙上定出一点 m_1。倒转望远镜，盘右位置再瞄准 P 点，再放平望远镜在墙上定出另一点 m_2。如果 m_1 与 m_2 重合，则横轴垂直于竖轴，否则需要校正。

(2)校正：瞄准 m_1、m_2 的中点 m，固定照准部，向上转动望远镜，此时十字丝交点将不再对准 P 点。抬高或降低横轴的一端，使十字丝的交点对准 P 点。此项检验与校正也要反复进行，直到条件满足为止。

6.4.5 竖盘指标差的检验与校正

(1)检验：选定远近适中、轮廓分明、影像清晰、成像稳定的固定目标。盘左、盘右分

别照准该目标,在竖盘读数指标管水准气泡严格居中的情况下,分别读取盘左竖盘读数 L 和盘右竖盘读数 R,计算竖盘指标差 $x=(L+R-360°)/2$。如果 x 超过限差要求,应予校正。

(2)校正:电子全站仪可以自动完成竖盘指标差的校正。首先打开指标差校正功能,先盘左瞄准一清晰目标,然后倒转望远镜,盘右位置瞄准同一目标,确定后,仪器可自动计算指标差,并进行校正。

6.4.6 光学对中器的检验与校正

(1)检验:第一步,选择平坦位置放置一平板,平板上标注一 A 点,在平板上方安置全站仪并对中整平,仪器架设高度约 1.3 m,全站仪的分划板中心与 A 点重合,如图 6-9 所示。绕竖轴旋转光学对中器 180°,若分划板中心与另一点 B 重合,进行第一次校正,使分划板中心与 AB 之中点重合,再进行下一步检验;若分划板中心仍与 A 点重合,则可进行下一步检验。第二步,改变 A 点距光学对中器的距离,例如将平板向上移动,由 1.3 m 缩短为 1.0 m,按照上步重新检验。若光学对中器旋转 180°之后,分划板中心仍与 A' 重合,则不需要校正;若分划板中心并不与 A' 重合而与 B' 重合,则应校正,使分划板中心与 $A'B'$ 之中点重合。

(2)校正:打开光学对中器望远镜目镜端的护罩,可以看见四颗校正螺丝,利用校正针旋转四颗校正螺丝,使分划板中心与 AB 或 $A'B'$ 中心重合。上述检验和校正工作需反复进行,直到满足要求为止。

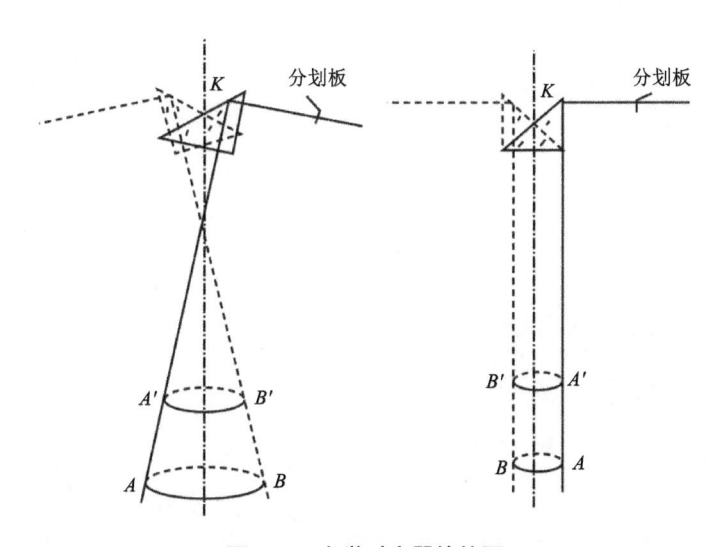

图 6-9 光学对中器检校图

6.4.7 距离加常数和乘常数的测定

利用六段比较法测定加常数和乘常数的步骤如下所示:首先在通视良好、地面平坦、长度 1 km 左右的基线上选择 7 个点,如图 6-10 所示,任意相邻两点之间的距离大致相同。然后,在 0 至 6 七个点上安置全站仪,并依次将反射棱镜安置于基线的其他端点上,测量各个基线段的长度，共得 21 段基线长度值，分别为：D_{01}、D_{02}、D_{03}、D_{04}、D_{05}、D_{06}、D_{12}、D_{13}、D_{14}、D_{15}、D_{16}、D_{23}、D_{24}、D_{25}、D_{26}、D_{34}、D_{35}、D_{36}、D_{45}、D_{46}、D_{56}。最后，对每段观测值列出关于加常数和乘常数的方程式，按间接平差原理进行求解。模型如下式所示：

$$\begin{cases} D_{01}+v_{01}+K+D_{01}\cdot R=\overline{D}_{01} \\ D_{02}+v_{02}+K+D_{02}\cdot R=\overline{D}_{02} \\ \quad\quad\quad\quad \vdots \\ D_{56}+v_{56}+K+D_{56}\cdot R=\overline{D}_{56} \end{cases} \quad (6-6)$$

式中：$v_{01} \sim v_{56}$ 为 21 段基线改正数；$\overline{D}_{01} \sim \overline{D}_{56}$ 为 21 段基线长度值。按式(6-6)组成误差方程式，即可平差求解出加常数 K 和乘常数 R。

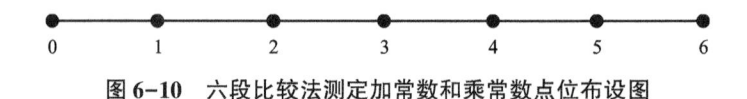

图 6-10 六段比较法测定加常数和乘常数点位布设图

6.5 导线布设与技术要求

6.5.1 导线的布设

导线网的布设应符合下列规定：
(1)导线网用作测区的首级控制时，应布设成环形网，且宜联测 2 个已知方向。
(2)加密导线网可采用单一附合导线或结点导线网形式。
(3)结点间或结点与已知点间的导线段宜布设成直伸形状，相邻边长不宜相差过大，网内不同环节上的点也不宜相距过近。

6.5.2 主要技术指标

二级导线测量的主要技术要求指标应符合表 6-5 的规定。

表 6-5 二级导线测量的主要技术要求指标

导线长度 /km	平均边长 /km	测距中误差 /mm	测角中误差 /(″)	测距相对中误差	导线全长相对闭合差	方位角闭合差 /(″)	水平角观测测回数 2″级仪器	水平角观测测回数 6″级仪器
2.4	0.25	15	8	1/14000	≤1/10000	$16\sqrt{n}$	1	3

注：n 为导线转折角数。

6.5.3 选点与埋石

在完成图上设计后,应实地选点,将图上设计的点位到实地进行踏勘确定。导线点应选在稳固地段,须通视良好,便于观测,方便加密与扩展,且稳定和便于保存,在测区分布尽量均匀,要考虑人与仪器的安全,避免选在路中央。相邻点之间应通视,相邻导线的边长应尽量大致相等,导线边须适合全站仪观测,应避开大面积水域、强电磁场等不利条件。导线边须适合测角,没有明显旁折光影响。相邻两点之间的视线倾角不宜过大。导线边两端点的高差不宜过大,若两端点的高差是用对向三角高程测量方法测定的,则高差的限差应符合相关技术要求,若导线边两端点的高差采用等级水准测量测定,则高差大小不受限制。应充分利用符合要求的原有控制点。

导线点标石埋设时应将坑底填以砂石,捣固夯实,然后埋设,标石周围的土亦应夯实。利用旧点时,应确认该点标石是否完好,并符合等级导线点的标石规格,且能长期保存。在标石制作与埋设过程中,应严格按照规定的规格和结构进行操作,确保标石的稳定性和准确性。

6.5.4 导线测量观测要求

1. 水平角观测

(1) 水平角观测作业要求。

水平角观测宜使用全站仪,照准部旋转轴正确性指标应按管水准器气泡或电子水准器气泡在各位置的读数较差来衡量,2″级仪器不应超过 1 格,6″级仪器不应超过 1.5 格;望远镜视准轴不垂直于横轴指标值,2″级仪器不应超过 8″,6″级仪器不应超过 10″;全站仪的补偿器在补偿区间,对观测成果的补偿应满足要求;光学(激光)对中器的视轴(激光束)与竖轴的重合偏差不应大于 1 mm。在水平角观测时,仪器或反光镜对中误差不应大于 2 mm。应调好仪器望远镜的焦距,在一测回内应保持不变。若两倍视准差($2c$)的绝对值超限,应进行视准轴校正。当导线点上方向数超过两个时,应采用方向观测法进行观测,当观测方向不多于 3 个时,可不归零。

(2) 水平角观测限差。

对于二级导线测量,采用不同的仪器型号水平角观测的各项限差如表 6-6 所示。

表 6-6 水平角观测仪器的各项限差

仪器型号	半测回归零差/(″)	一测回内 $2c$ 较差/(″)	同一方向各测回较差/(″)
2″级仪器	12	18	12
6″级仪器	18	—	24

(3) 成果的重测和取舍。

凡超出规定限差的结果,均应进行重测,因测回互差超限而重测时,除明显孤值外,原则上应重测观测结果中最大和最小值的测回。在一个测站上,采用方向观测法时,一测回内2C互差或同一方向值各测回较差超限时，应重测超限方向，并应联测零方向。下半测回归零差或零方向的2C互差超限时，应重测本测回。基本测回重测的方向测回数，超过全部方向测回总数的1/3时，整份成果应重测。方向观测一测回中，重测方向数超过所测方向总数的1/3时，此测回须全部重测。方向观测重测时，只须联测零方向。观测的基本测回结果和重测结果，应一律记簿，重测与基本测回结果不取中数，每一测回只采用一个符合限差的结果。导线附合条件超限时，应认真分析，择取有关测站整站重测。

2. 距离观测

（1）距离测量的作业要求。

作业开始前，应使全站仪与外界温度相适应，并应严格按照仪器使用说明书中的规定操作仪器。晴天作业时，须用测伞为全站仪遮蔽阳光，严禁将照准头对向太阳。架设仪器后，测站、镜站不准离人。测站对中误差和反光镜对中误差不应大于2 mm。当观测数据超限时，应重测整个测回。若观测数据出现系统性误差，应分析原因，并应采取相应措施重新观测。每日观测结束后，应对全站仪外业记录数据进行检查，保存原始观测数据，打印输出相关数据和预先设置的各项限差。

（2）测距的主要技术指标要求。

对于二级导线测量，距离观测仪器的各项限差如表6-7所示。

表 6-7 距离观测仪器的各项限差

仪器精度	每边测回数		一测回读数较差/mm	单程各测回较差/mm
	往	返		
10 mm级仪器	1	—	≤10	≤15

注：一测回是全站仪盘左、盘右各测量1次的过程。

（3）超限处理。

凡超出限差的观测值，均须重新观测。当一测回中读数较差超限时，可重测两个读数，去掉最大和最小的观测值后，若不超出限差则采用；仍超限，则重测该测回。当测回间较差超限时，可重测两个测回，去掉最大和最小的测回中数后，若不超出限差则采用；若仍超限，则重测该条边的全部成果。往、返测或不同时段的观测值较差超限时，应分析原因，重测可靠性差的单方向距离。若仍超限，则重测另一方向的距离。

6.6 导线测量外业观测

为了减弱仪器对中误差和目标偏心误差对测角和测距的影响，导线的外业观测一般采用三联脚架法，使用三个既能安置全站仪又能安置带有反射棱镜的基座和脚架，基座具有通用光学对中器。

施测时，将全站仪安置在测站i的基座上，将带有觇牌的反射棱镜安置在后视点$(i-1)$和前视点$(i+1)$的基座上，如图6-11所示。当测完一站向下一站迁站时，导线点i和

($i+1$)上的脚架和基座不动,只是从基座上取下全站仪和带觇牌的反射棱镜,在($i+1$)上安置全站仪,在 i 上安置带有觇牌的反射棱镜,并在($i+2$)点上架起脚架,安置基座和带有觇牌的反射棱镜,依次向前推进,直到整条导线测完。

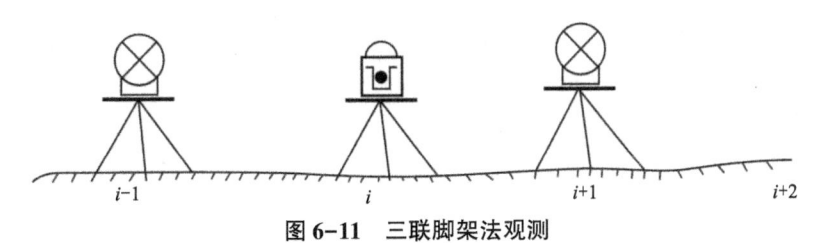

图 6-11 三联脚架法观测

6.7 导线测量的内业计算

导线外业测量的斜距,须经气象改正和仪器的加、乘常数改正后才能进行水平距离的计算。导线观测完成后,要根据观测数据和已知点坐标,对观测数据的质量进行评估,确保满足限差要求并计算控制点的平面坐标,整理成控制点成果表。

1. 测角与测距中误差的计算

导线网水平角观测的测角中误差,应按下式进行计算:

$$m_\beta = \sqrt{\frac{1}{N}\left[\frac{f_\beta f_\beta}{n}\right]} \tag{6-7}$$

式中:f_β 为导线环的角度闭合差或附合导线的方位角闭合差(″);n 为计算 f_β 时的相应测站数;N 为闭合环及附合导线的总数。

导线边的精度评定可以按测距边的单位权中误差或者实际测距中误差来进行计算。单位权中误差的计算如式(6-8)所示:

$$\mu = \sqrt{\frac{(Pdd)}{2n}} \tag{6-8}$$

式中:d 为各边往返测的距离较差(mm);n 为测距边数;P 为各边距离的先验权,其值为 $1/\sigma_D^2$,σ_D 为测距的先验中误差,可按测距仪器的标称精度计算。

任一边的实际测距中误差的计算如式(6-9)所示:

$$m_{D_i} = \mu\sqrt{\frac{1}{P_i}} \tag{6-9}$$

式中:m_{D_i} 为第 i 边的实际测量中误差(mm);P_i 为第 i 边的距离测量的先验权。

2. 测距边长度的归化投影计算

(1)归算到测区平均高程面上的测距边长度计算:

$$D_H = D_P\left(1 + \frac{H_P - H_m}{R_A}\right) \tag{6-10}$$

式中：D_H 为归算到测区平均高程面上的测距边长度(m)；D_P 为测线的水平距离(m)；H_P 为测区的平均高程(m)；H_m 为测距边两端点的平均高程(m)；R_A 为参考椭球体在测距边方向法截弧的曲率半径(m)。

(2) 归算到参考椭球面上的测距边长度计算：

$$D_0 = D_P \left(1 - \frac{H_m + h_m}{R_A + H_m + h_m}\right) \tag{6-11}$$

式中：D_0 为归算到参考椭球面上的测距边长度(m)；h_m 为测区大地水准面高出参考椭球面的高差(m)。

(3) 测距边在高斯投影面上的长度计算：

$$D_g = D_0 \left(1 + \frac{y_m^2}{2R_m^2} + \frac{\Delta y^2}{24R_m^2}\right) \tag{6-12}$$

式中：D_g 为测距边在高斯投影面上的长度(m)；y_m 为测距边两端点横坐标的平均值(m)；R_m 为测距边中点处在参考椭球面上的平均曲率半径(m)；Δy 为测距边两端点横坐标的增量(m)。

3. 平面坐标的计算

导线平面坐标计算过程如下。

(1) 计算坐标方位角闭合差。

$$f_\beta = \alpha_{起算} + \sum \pm \beta_i - n \cdot 180° - \alpha_{终止} \tag{6-13}$$

式中：$\alpha_{起算}$ 为起算坐标方位角；$\alpha_{终止}$ 为终止坐标方位角；$\sum \pm \beta_i$ 中的符号根据"左+右−"原则确定，即观测转折角位于推算路线左手边时取+，位于右手边时取−。

(2) 判断坐标方位角闭合差是否在限差内。

(3) 计算各转折角的改正数并将坐标方位角闭合差大小平均分配到每个观测角上，符号按照"左−右+"原则，即

$$\begin{cases} v_{\beta i} = -\dfrac{f_\beta}{n} (\text{左角}) \\ v_{\beta i} = +\dfrac{f_\beta}{n} (\text{右角}) \end{cases} \tag{6-14}$$

(4) 计算改正后的各转折角。

$$\overline{\beta}_i = \beta_i + v_{\beta_i} \tag{6-15}$$

(5) 计算各边坐标方位角。

$$\alpha_下 = \alpha_上 \pm \overline{\beta}_i \pm 180° \tag{6-16}$$

式中：$\alpha_下$ 为要计算的下一导线边的坐标方位角；$\alpha_上$ 为上一导线边的坐标方位角；β_i 前符号按"左+右−"的原则；±180°是为了保证计算出来的坐标方位角取值为 0°~360°。

(6) 计算各边的纵、横坐标增量。

$$\begin{cases} \Delta x_i = D_i \cos \alpha_i \\ \Delta y_i = D_i \sin \alpha_i \end{cases} \tag{6-17}$$

(7)计算纵、横坐标闭合差。

$$\begin{cases} f_x = x_{起算} + \sum \Delta x - x_{终止} \\ f_y = y_{起算} + \sum \Delta y - y_{终止} \end{cases} \quad (6-18)$$

(8)计算导线全长闭合差。

$$f_s = \sqrt{f_x^2 + f_y^2} \quad (6-19)$$

(9)计算导线全长相对闭合差并判断是否在限差内。

(10)计算各边的纵、横坐标增量的改正数。

$$\begin{cases} v_{x_i} = -\dfrac{f_x}{\sum D} D_i \\ v_{y_i} = -\dfrac{f_y}{\sum D} D_i \end{cases} \quad (6-20)$$

(11)计算各点的坐标。

$$\begin{cases} x_{i+1} = x_i + \Delta x_i + v_{x_i} \\ y_{i+1} = y_i + \Delta y_i + v_{y_i} \end{cases} \quad (6-21)$$

对于一级及以上等级的导线网计算,应采用严密平差法。导线网平差时角度和距离的先验中误差可以按式(6-7)和式(6-8)进行计算,也可用数理统计等方法求得的经验公式估算先验中误差的值,并用以计算角度及边长的权。二、三级导线网可根据需要采用严密或简化方法平差。采用简化方法平差时,成果表中的方位角和边长应采用坐标反算值。平差后的精度评定,应包含有单位权中误差、点位误差椭圆参数或相对点位误差椭圆参数、边长相对中误差或点位中误差等。对于二级导线测量,内业计算中的数字取位参见表6-8。

表6-8 导线内业计算中的数字取位要求

观测方向值及各项修正数/(″)	边长观测值及各项修正数/m	边长与坐标/m	方位角/(″)
1	0.001	0.001	1

6.8 导线测量数据处理软件

与水准网平差数据处理类似,导线网平差内业处理可以使用平差易 PA2005。本节以平差易 PA2005 为例,阐述导线网平差数据处理的过程。利用平差易软件进行导线网平差的步骤如下所示:

第一步,控制网数据录入。

第二步,坐标推算。

第三步,选择概算。
第四步,选择计算方案。
第五步,闭合差计算与检核。
第六步,平差计算。
第七步,平差报告的生成和输出。

1. 控制网数据录入

下面通过一组示例数据来介绍导线的数据输入,以附合导线为例,其观测数据与已知点数据如图 6-12 所示,其中 A、B、C 和 D 是已知坐标点,2、3 和 4 是待测的控制点。

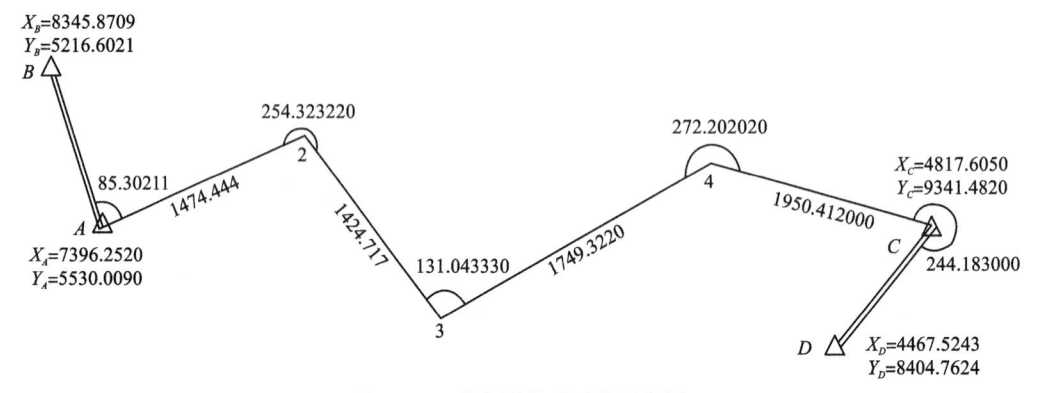

图 6-12 附合导线观测数据示例

在平差易软件中录入以上数据,如图 6-13 所示。

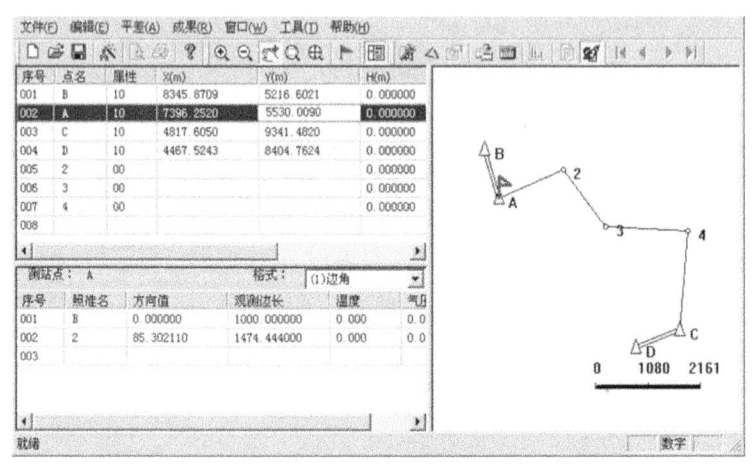

图 6-13 数据录入

在测站信息区中输入 A、B、C、D、2、3 和 4 号测站点,其中 A、B、C、D 为已知坐标点,其属性为 10;2、3、4 点为待测点,其属性为 00,其他信息为空。如果要考虑温度、气压对边长的影响,就需要在观测信息区中输入每条边的实际温度、气压值,然后通过概算来进行改正。

数据录入完成后,点击菜单"文件/另存为",将输入的数据保存为平差易数据格式文件,如图 6-14 所示。

```
[STATION] (测站信息)
B,10,8345.870900,5216.602100
A,10,7396.252000,5530.009000
C,10,4817.605000,9341.482000
D,10,4467.524300,8404.762400
2,00
3,00
4,00

[OBSER] (观测信息)
A,B,,1000.0000
A,2,85.302110,1474.4440
C,4
C,D,244.183000,1000.0000
2,A
2,3,254.323220,1424.7170
3,2
3,4,131.043330,1749.3220
4,3
4,C,272.202020,1950.4120
```

图 6-14　平差易导线数据格式文件

图 6-14 中的[STATION](测站信息)是测站信息区中的数据,[OBSER](观测信息)是观测信息区中的数据。

2. 坐标推算

根据测站信息和观测信息推算出待测点的近似坐标,作为构成动态网图和导线平差的基础。用鼠标点击菜单"平差"→"坐标推算"即可进行坐标的推算,如图 6-15 所示。

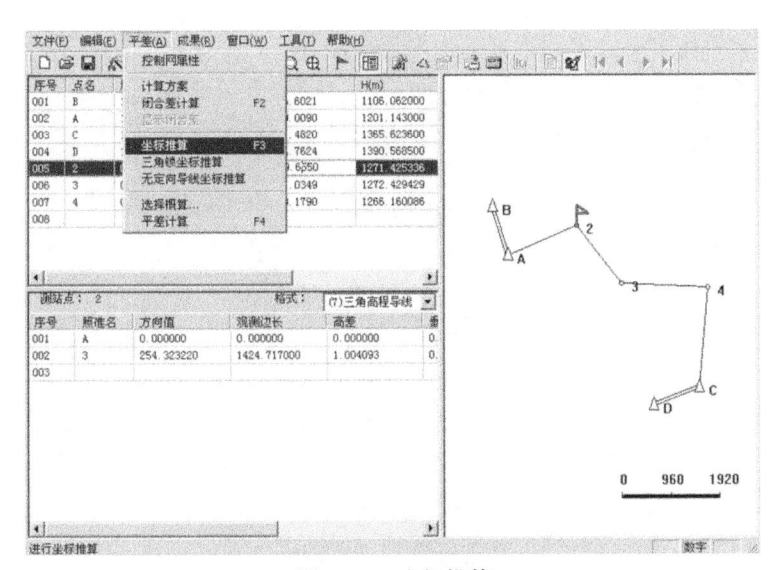

图 6-15　坐标推算

值得注意的是,每次打开一个已有数据文件时,PA2005 会自动推算各个待测点的近似坐标,并把近似坐标显示在测站信息区内。当数据录入或修改原始数据时,则需要用此功能重新进行坐标推算。

3. 选择概算

选择概算主要对观测数据进行一系列的改化,根据实际的需要来选择其概算的内容并进行坐标的概算,如图 6-16 所示。

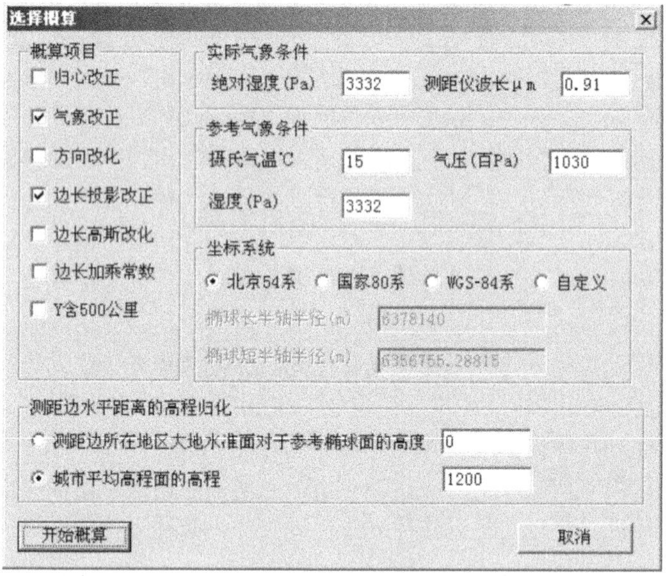

图 6-16 选择概算

选择概算的项目有:归心改正、气象改正、方向改化、边长投影改正、边长高斯改化、边长加乘常数和 Y 含 500 公里。需要某项目参与概算时,就在该项目前打"√"即可。

概算结束后会提示是否保存概算结果,点击"是",可将概算结果保存为 .txt 文本,结果如图 6-17 所示。

```
边长改化概算成果表
测站     照准      边长(m)        改正数(m)      改正后边长(m)
A        2         1474.4440      -0.0084        1474.4356
2        3         1424.7170      -0.0161        1424.7009
3        4         1749.3220      -0.0191        1749.3029
4        C         1950.4120      -0.0356        1950.3764

边长气象改正成果表
测站     照准      边长(m)        改正数(m)      改正后边长(m)
A        2         1474.4356      0.0339         1474.4695
2        3         1424.7009      0.0287         1424.7295
3        4         1749.3029      0.0335         1749.3364
4        C         1950.3764      0.0348         1950.4113
```

图 6-17 概算结果文件

4. 选择计算方案

选择控制网的等级、参数和平差方法。用鼠标点击菜单"平差"→"计算方案"即可进行参数的设置，如图 6-18 所示。

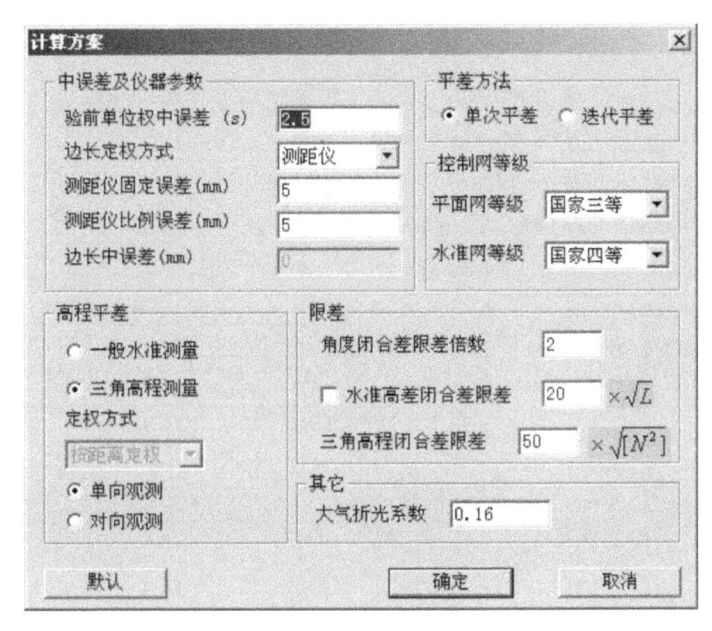

图 6-18　参数设置

值得注意的是，对于同时包含了平面数据和高程数据的控制网，一般处理过程应为：先进行平面网处理，然后在高程网处理时，PA2005 会使用已经较为准确的平面数据，如距离等，来处理高程数据。对精度要求很高的平面高程混合网，也可以在平面和高程处理间多次切换，迭代出精确的结果。

5. 平差计算

根据观测值和"计算方案"中的设定参数来计算导线控制网的闭合差和限差，从而检查控制网的角度闭合差或高差闭合差是否超限，同时检查分析观测粗差或误差。点击"平差"→"闭合差计算"，如图 6-19 所示。

图 6-19 中，左边的闭合差信息与右边的控制网图是动态相连的，它将数和图有机地结合在一起，使计算更加直观、检测更加方便。"闭合差"表示该导线或导线网的观测角度闭合差。"权倒数"即导线测角的个数。"限差"为权倒数开方乘以限差倍数，然后再乘以单位权中误差(平面网为测角中误差)。

在平差易的闭合差计算中，还提供了粗差检测报告，如图 6-20 所示。

其具体操作步骤如下：

第一步，打开数据文件并计算该导线或导线网的闭合差。

第二步，点击某条闭合差的计算记录，显示该闭合差的详细信息。粗差检测只针对导

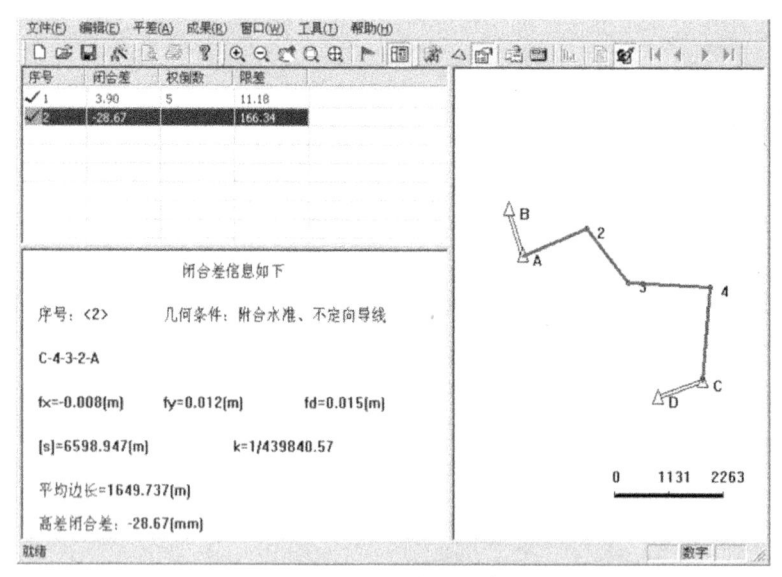

图 6-19　闭合差计算

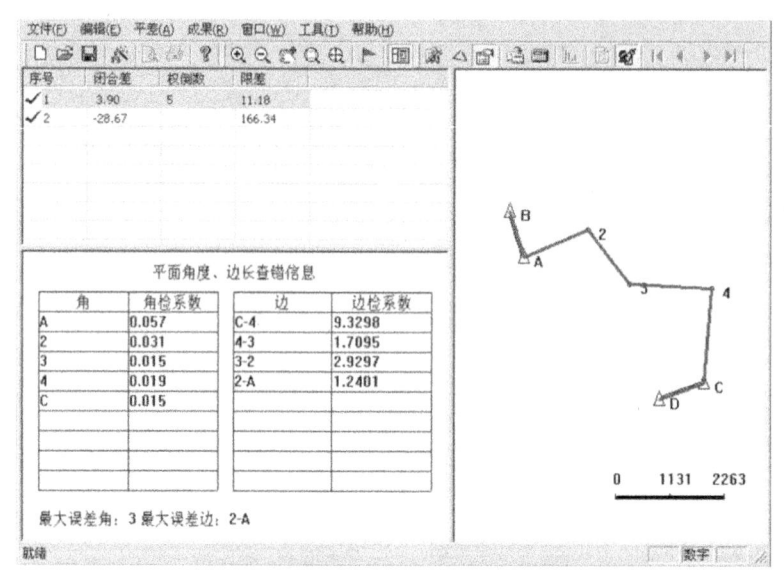

图 6-20　粗差检测报告

线或导线网而言，并且必须有该闭合差的详细信息。

第三步，在闭合差信息区内点击鼠标的右键，即可显示"平面查错"和"闭合差信息"两个选项。

第四步，点击"平面查错"项即可显示"平面角度、边长查错信息"。显示的角检系数是指闭合导线或附合导线在往返推算时点位的偏移量。该偏移量越小该点的粗差越大，该偏移量越大该点的粗差越小。显示的边检系数是指闭合导线或附合导线的全长闭合差的坐标方位角与各条导线方位角的差值。该差值越小该点的粗差越大，该差值越大该点的粗差越小。

6. 平差计算

用鼠标点击菜单"平差"→"平差计算"即可进行导线控制网的平差计算，如图 6-21 所示。

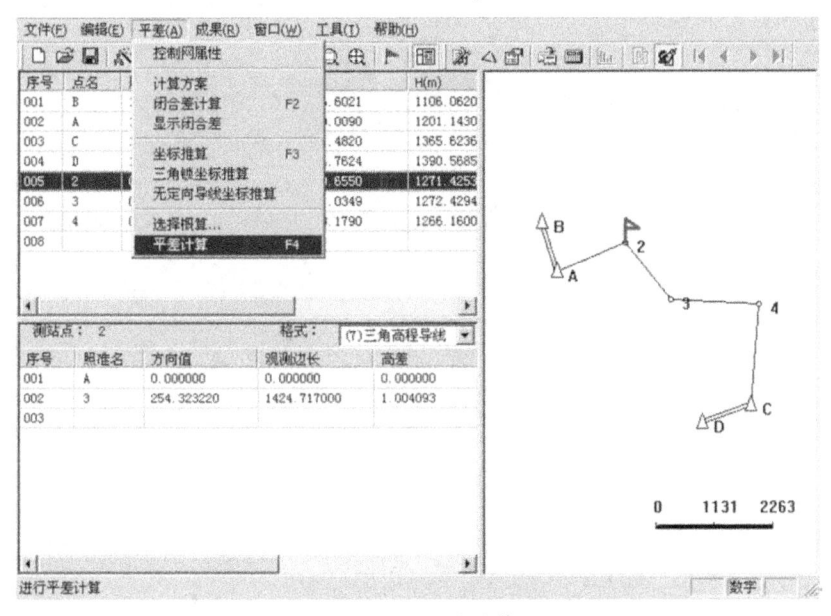

图 6-21　平差计算

平面网可按"方向"或"角度"进行平差，它根据验前单位权中误差（单位：度分秒）和测距的固定误差（单位：米）及比例误差（单位：百万分之一）来计算。

7. 平差报告的生成与输出

（1）精度统计。

点击菜单"成果"→"精度统计"即可进行该数据的精度分析，精度统计结果如图 6-22 所示。

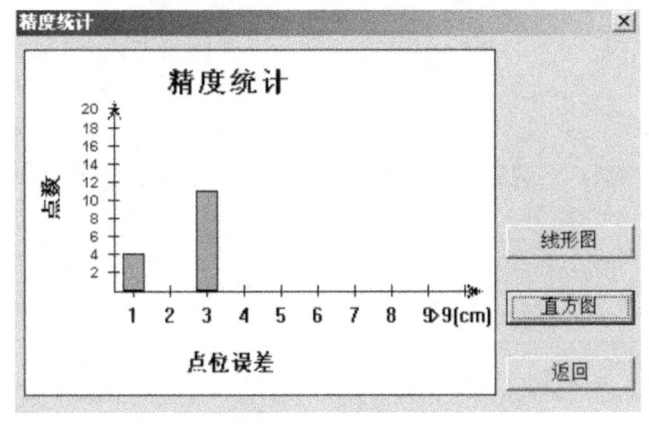

图 6-22　精度统计

(2)网形分析。

点击菜单"成果"→"网形分析"即可进行网形分析,如图 6-23 所示。

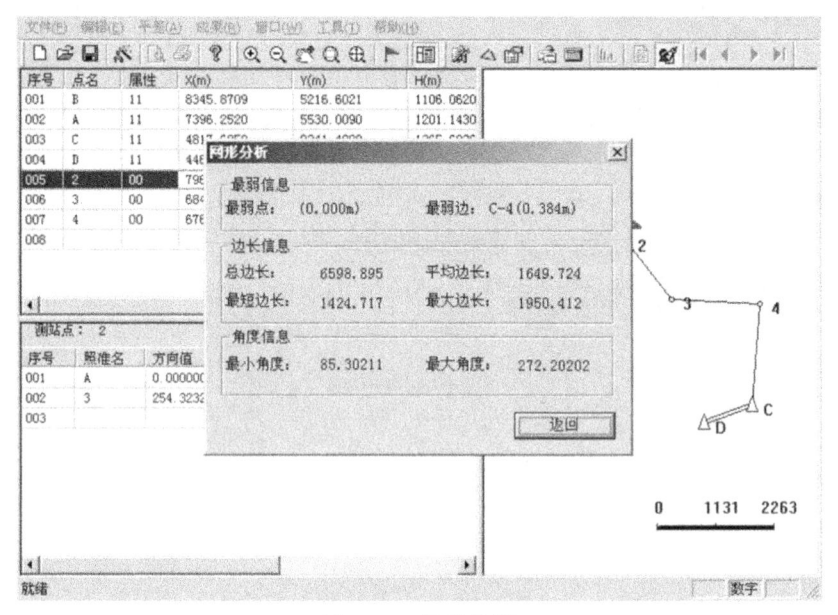

图 6-23　网形分析

网形分析包括如下内容。

①最弱信息:最弱点(离已知点最远的点),最弱边(离起算数据最远的边)。

②边长信息:总边长,平均边长,最短边长,最大边长。

③角度信息:最小角度(测量的最小夹角),最大角度(测量的最大夹角)。

(3)平差报告。

平差报告包括控制网属性、控制网概况、闭合差统计表、方向观测成果表、距离观测成果表、高差观测成果表、平面点位误差表、点间误差表、控制点成果表等,也可根据自己的需要选择显示或打印其中某一项,成果表打印时其页面也可自由设置。它不仅能在 PA2005 中浏览和打印,还可输入到 Word 中进行保存和管理。

输出平差报告之前可进行报告属性的设置。用鼠标点击菜单"窗口"→"平差报告属性",如 6-24 所示。

设置内容包括:

①成果输出:统计页、观测值、精度表、坐标、闭合差等,需要打印某种成果表时就在相应的成果表前打"√"即可。

②输出精度:可根据需要设置平差报告中坐标、距离、高程和角度的小数位数。

③打印页面设置:打印的长和宽的设置。

(4)平差报告生成。

平差报告生成包括控制网概况、闭合差统计报告、方向观测成果表、平面点位误差表、平面点间误差表、控制点成果表等内容。

图 6-24　平差报告属性

①生成的控制网概况报告如图 6-25 所示。

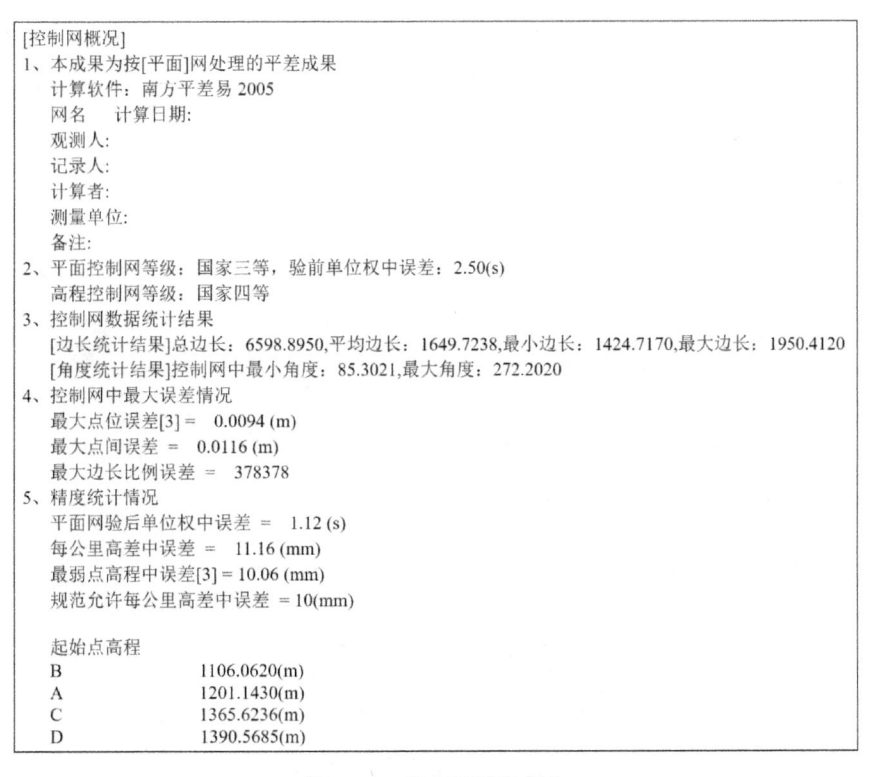

```
[控制网概况]
1、本成果为按[平面]网处理的平差成果
   计算软件：南方平差易 2005
   网名　　计算日期：
   观测人：
   记录人：
   计算者：
   测量单位：
   备注：
2、平面控制网等级：国家三等，验前单位权中误差：2.50(s)
   高程控制网等级：国家四等
3、控制网数据统计结果
   [边长统计结果]总边长：6598.8950,平均边长：1649.7238,最小边长：1424.7170,最大边长：1950.4120
   [角度统计结果]控制网中最小角度：85.3021,最大角度：272.2020
4、控制网中最大误差情况
   最大点位误差[3] ＝　0.0094 (m)
   最大点间误差　　0.0116 (m)
   最大边长比例误差 ＝　378378
5、精度统计情况
   平面网验后单位权中误差 ＝　1.12 (s)
   每公里高差中误差 ＝　11.16 (mm)
   最弱点高程中误差[3] ＝ 10.06 (mm)
   规范允许每公里高差中误差 ＝10(mm)

   起始点高程
   B          1106.0620(m)
   A          1201.1430(m)
   C          1365.6236(m)
   D          1390.5685(m)
```

图 6-25　控制网概况报告

②闭合差统计报告如图 6-26 所示。

[闭合差统计报告]
几何条件:附合导线
路径：[D-C-4-3-2-A-B]
角度闭合差=3.90,限差=±11.18
fx=0.014(m),fy=0.008(m),fd=0.016(m)
[s]=6598.947(m),k=1/409531,平均边长=1649.737(m)

图 6-26 闭合差统计报告

③方向观测成果表如表 6-9 所示。

表 6-9 方向观测成果表

测站	照准	方向值/dms	改正数/s	平差后值/dms	备注
A	B	0.000000			
A	2	85.302110	0.28	85.302138	
C	4	0.000000			
C	D	244.183000	1.28	244.183128	
2	A	0.000000			
2	3	254.323220	0.48	254.323268	
3	2	0.000000			
3	4	131.043330	0.76	131.043406	
4	3	0.000000			
4	C	272.202020	1.10	272.202130	

④平面点位误差表如表 6-10 所示。

表 6-10 平面点位误差表

点名	长轴/m	短轴/m	长轴方位/dms	点位中误差/m	备注
2	0.00636	0.00390	157.430845	0.0075	
3	0.00726	0.00599	18.393618	0.0094	
4	0.00669	0.00478	95.573888	0.0082	

⑤平面点间误差表如表 6-11 所示。

表 6-11 平面点间误差表

点名	点名	长轴 MT/m	短轴 MD/m	D/MD	长轴方位 T/dms	平距 D/m	备注
A	2	0.00746	0.00390	378378.31	157.430845	1474.46972	
C	4	0.00822	0.00478	408109.67	95.573888	1950.41087	
2	A	0.00746	0.00390	378378.31	157.430845	1474.46972	
2	3	0.00710	0.00373	381603.27	7.545532	1424.72943	
3	2	0.00710	0.00373	381603.27	7.545532	1424.72943	
3	4	0.00817	0.00428	408421.42	92.411244	1749.33661	
4	3	0.00817	0.00428	408421.42	92.411244	1749.33661	
4	C	0.00822	0.00478	408109.67	95.573888	1950.41087	

⑥控制点成果表如表 6-12 所示。

表 6-12 控制点成果表

点名	X/m	Y/m	H/m	备注
B	8345.8709	5216.6021	1106.0620	已知点
A	7396.2520	5530.0090	1201.1430	已知点
C	4817.6050	9341.4820	1365.6236	已知点
D	4467.5243	8404.7624	1390.5685	已知点
2	7966.6527	6889.6795	1271.4189	
3	6847.2703	7771.0630	1272.4168	
4	6759.9917	9518.2210	1266.1686	

第 7 章 实习成果检查与验收

实习成果检查与验收是对实习成果进行全面、细致的检查与评定，以确定其是否符合相应标准与规范的技术质量要求，并对其进行验收确认。其主要目的是促进测量成果质量管控，保障测量成果的质量，确保成果的准确性和可靠性。本章从检查与验收基本要求、成果质量评定、抽样检查程序、成果质量元素与错漏分类等方面阐述了控制测量实习成果检查与验收的过程。

7.1 检查与验收基本要求

1. 检查验收组织

实习成果检查与验收按二级检查与一级验收进行组织，二级检查即班内自查与班级互查，一级验收即指导教师组织的验收。检查验收对象包括技术总结报告、外业观测手簿、点之记、平差计算报告以及控制点的数学精度检验等成果资料。

2. 检查验收依据

实习指导书、相关测量规范、"测绘成果质量检查与验收"国家标准等。

3. 数学精度检测

(1) 对控制测量实习成果资料采用全数检查、高精度或同精度检测检查。
(2) 高精度检测时，在允许中误差 2 倍以内（含 2 倍）的误差值均应参与数学精度统计，超过允许中误差 2 倍的误差视为粗差；同精度检测时，在允许中误差 $2\sqrt{2}$ 倍以内（含 $2\sqrt{2}$ 倍）的误差值均应参与数学精度统计，超过中误差 $2\sqrt{2}$ 倍的误差视为粗差。

7.2 成果质量评定

1. 质量表征

单位成果质量水平以百分制表征。

2. 质量元素与错漏分类

单位成果质量元素及权、错漏分类按"单位成果质量元素及错漏分类"执行。

3. 质量评分方法

(1) 数学精度评分方法。

数学精度按表 7-1 的规定采用分段直线内插方法计算质量分数；多项数学精度评分时，取其算术平均值或加权平均分。

表 7-1 数学精度评分标准

数学精度值	质量分数/分
$0 \leqslant M \leqslant 1/3 \times M_0$	$S = 100$
$\frac{1}{3} \times M_0 \leqslant M \leqslant 1/2 \times M_0$	$90 \leqslant S \leqslant 100$
$1/2 \times M_0 \leqslant M \leqslant 3/4 \times M_0$	$75 \leqslant S \leqslant 90$
$3/4 \times M_0 \leqslant M \leqslant M_0$	$60 \leqslant S \leqslant 75$
$M_0 < M$	$S = 0$

$$M_0 = \sqrt{m_1^2 + m_2^2}$$

式中：M_0 为允许中误差的绝对值；m_1 为规范或相应技术文件要求的成果中误差；m_2 为检测中误差（高精度检测时取 $m_2 = 0$）；M 为成果中误差的绝对值；S 为质量分数（分数值根据数学精度的绝对值在区间进行内插）。

(2) 成果质量错漏扣分标准。

成果质量错漏扣分标准按表 7-2 执行。

表 7-2 成果质量错漏扣分标准

差错类型	扣分值/分
A 类	42
B 类	12
C 类	4
D 类	1

(3)质量子元素评分方法。

①数学精度:根据成果数学精度值的大小,按式(7-1)的要求评定数学精度的质量分数,即得到 S_2。

$$S_2 = 100 - [a_1 \times 12 + a_2 \times 4 + a_3 \times 1] \tag{7-1}$$

式中:S_2 为质量子元素得分;a_1、a_2、a_3 为质量子元素的 B、C、D 类错漏个数。

②其他质量子元素:首先将质量子元素得分预置为 100 分,根据式(7-2)的要求对相应质量子元素中出现的错漏逐个扣分(出现 A 类错漏 $S_2=0$),S_2 的值按式(7-1)计算。

(4)质量元素评分方法。

采用加权平均法计算质量元素得分。S_1 的值按式(7-2)计算:

$$S_1 = \sum_{i=1}^{n}(S_{2i} \times p_i) \tag{7-2}$$

式中:S_1、S_{2i} 为质量元素或相应质量子元素得分;p_i 为相应质量子元素的权;n 为质量元素中包含的质量子元素个数。

(5)单位成果质量评分。

采用加权平均法计算单位成果质量得分。S 的值按式(7-3)计算:

$$S = \sum_{i=1}^{n}(S_{1i} \times p_i) \tag{7-3}$$

式中:S、S_{1i} 分别为单位成果质量、质量元素得分;p_i 为相应质量元素的权;n 为单位成果中包含的质量元素个数。

(6)批成果质量评分。

控制测量实习各单位成果加权平均分即为批成果得分,GNSS-E 级网、二等水准网、二级 RTK 测量(或二级导线测量)三项实习内容其权重分别为 0.4、0.3、0.3。

7.3 抽样检查程序

根据测量成果的内容与特性,分别采用详查和概查的方式进行检验。根据各单位成果的质量元素及检查项,按有关的规范、技术标准和技术设计的要求逐个检验单位成果并统计存在的各类差错数量,按要求评定单位成果质量。

7.4 成果质量元素及错漏分类

平面控制测量成果的质量元素及权重表如表 7-3 所示。平面控制测量成果质量错漏分类表如表 7-4 所示。高程控制测量成果的质量元素及权重表如表 7-5 所示。高程控制测量成果质量错漏分类表如表 7-6 所示。

表 7-3 平面控制测量成果质量元素及权重表

质量元素	权	质量子元素	权	检查项
数据质量	0.5	数学精度	0.3	1. 各项限差与设计书、规范及指导书的符合情况 2. 提供成果的正确性
		观测质量	0.4	1. 仪器检验项目的齐全性、检验方法的正确性 2. 观测方法的正确性，观测条件的合理性 3. 观测手簿记录和注记的完整性和数字记录、划改的规范性，数据质量检验的符合情况 4. 水平角和导线测距观测方法的正确性 5. GNSS 点水准联测的合理性和正确性 6. 卫星截止高度角、有效观测卫星总数、时段中任一卫星有效观测时间、观测时段数、时段长度、数据采样间隔、空间位置精度因子（PDOP）值、钟漂、多路径影响等参数的规范性和正确性 7. 规范和设计方案的执行情况 8. 成果取舍和重测的合理性、正确性
		计算质量	0.3	1. 起算点选取的合理性、起始数据的正确性 2. 起算点的兼容性及分布的合理性 3. 数据使用的正确性和合理性 4. 各项外业验算项目的完整性、方法的正确性，各项指标的符合情况
点位质量	0.3	选点质量	0.5	1. 点位布设及点位密度的合理性 2. 点位满足观测条件的符合情况 3. 点位选择的合理性 4. 点之记内容的齐全性、正确性
		埋石质量	0.5	标志类型、规格的正确性
资料质量	0.2	整饰质量	0.3	1. 观测手簿、计算成果资料的规整性 2. 技术总结报告、实习报告整饰的规整性
		资料全面性	0.7	1. 设计书的有效性 2. 技术总结报告、实习报告编写的完整性 3. 成果资料的完整性

表 7-4　平面控制测量成果质量错漏分类表

质量元素	A 类	B 类	C 类	D 类
数学精度	1. 成果精度超限 2. 成果有错误			
观测质量	1. 原始记录中连环涂改、划改"秒""毫米"等观测数据 2. 仪器高量取方法不正确 3. 仪器参数设置错误，影响计算 4. 违反 GNSS 测量作业基本技术规定 5. RTK 测量已知点校核不符合要求 6. 违反水平角观测技术要求 7. 违反导线测量主要技术要求 8. 违反测距的主要技术要求 9. 其他严重的错漏	1. 成果取舍、重测不合理 2. 仪器次要技术指标有轻微超限 3. 测量使用仪器设备自检自校项目中非主要项未检 4. 观测条件不符合规定 5. 观测方法不符合要求 6. 有效观测卫星总数、PDOP 值、测回数、测回间时间间隔、测回间坐标较差不符合规范要求 7. 导线测量的导线长度、平均边长、测距相对中误差超限 8. 记录修改不符合规定 9. 其他较重的错漏	1. 观测条件掌握不严 2. 观测记录中的注记错漏 3. 其他一般的错漏	其他轻微的错漏
计算质量	1. 影响成果质量的计算错误 2. 坐标系统错误、起算数据错误 3. 外业验算缺项 4. 计算方法错误，采用指标及各类参数错误，计算结果、分析结论不正确 5. 其他严重的错漏	1. 数据检验后，有关条件不满足要求 2. 数据剔除不符合规定 3. 计算中数字修约严重不符合规定 4. 起算数据或原始观测数据录用错误(毫米级) 5. 其他较重的错漏	1. 不影响成果质量的计算错误或对结果影响较小的计算错误 2. 其他一般的错漏	其他轻微的错漏
选点质量	1. 点位条件完全不符合要求 2. 其他严重的错漏	1. 点位选择不合理 2. 其他较重的错漏	1. 点之记内容漏项、缺项 2. 选点展点图缺项 3. 其他一般的错漏	其他轻微的错漏
埋石质量	1. 标志规格严重不符合规定 2. 标志埋设完全不符合要求 3. 其他严重的错漏	1. 标志类型、规格存在明显缺限 2. 标志不符合规定 3. 其他较重的错漏	1. 标志规格不规范 2. 标志外部未整饰 3. 其他一般的错漏	其他轻微的错漏

续表7-4

质量元素	A类	B类	C类	D类
整饰质量	1. 成果资料文字、数字错漏较多，给成果使用造成严重影响 2. 成果资料项目名称不一致，严重影响使用 3. 其他严重的错漏	1. 成果资料重要文字、数字错漏 2. 成果文档资料、装订不规整 3. 其他较重的错漏	1. 成果资料装订及编号错漏 2. 其他一般的错漏	其他轻微的错漏
资料完整性	1. 缺主要成果资料 2. 其他严重的错漏	1. 缺成果附件资料 2. 上交资料缺项 3. 其他较重的错漏	1. 无成果资料清单，或成果资料清单不完整 2. 成果资料次要文字、数字错漏 3. 技术总结报告、实习报告内容不全 4. 其他一般的错漏	其他轻微的错漏

表7-5 高程控制测量成果质量元素及权重表

质量元素	权	质量子元素	权	检查项
数据质量	0.5	数学精度	0.3	1. 各项限差与设计书、规范及指导书的符合情况 2. 提供成果的正确性
		观测质量	0.4	1. 仪器检验项目的齐全性、检验方法的正确性 2. 测站观测误差的符合情况 3. 测段、区段、路线闭合差的符合情况 4. 观测和检测方法的正确性 5. 观测条件选择的正确性、合理性 6. 成果取舍和重测的正确、合理性 7. 记簿计算正确性、注记的完整性和数字记录、划改的规范性 8. 对已有水准点和水准路线联测和接测方法的正确性
		计算质量	0.3	1. 外业验算项目的齐全性，验算方法的正确性 2. 已知水准点选取的合理性、起始数据的正确性 3. 环闭合差的符合情况
点位质量	0.3	选点质量	0.5	1. 水准路线布设、点位选择及点位密度的合理性 2. 水准路线图绘制的正确性 3. 点位选择的合理性
		埋石质量	0.5	1. 标志质量情况 2. 标志埋设规格的规范性

续表7-5

质量元素	权	质量子元素	权	检查项
资料质量	0.2	整饰质量	0.3	1. 观测、计算资料整饰的规整性，各类报告、总结、附图、附表、簿册整饰的完整性 2. 成果资料整饰的规整性 3. 技术总结整饰的规整性 4. 检查报告整饰的规整性
		资料全面性	0.7	1. 设计书的有效性 2. 技术总结、实习报告编写内容的全面性、正确性 3. 提供成果资料项目的齐全性

表7-6 高程控制测量成果质量错漏分类表

质量元素	A类	B类	C类	D类
数学精度	1. 成果精度超限 2. 成果有错误			
观测质量	1. 检测已测测段高差的误差超限 2. 测段、区段、路线闭合差的不符值超限 3. 仪器未按要求进行检验 4. 原始记录中连环涂改或修改"毫米"等观测数据 5. RTK测量已知点校核超限 6. 其他严重的错漏	1. 成果取舍、重测不合理 2. 仪器检验项目缺项 3. 观测方法不符合要求 4. 有效观测卫星总数、PDOP值、测回数、测回间时间间隔、测回间坐标较差不符合规范要求 5. 观测值的取舍、重测不符合技术设计要求 6. 水准观测视线离地面高度不符合要求 7. 水准观测前后视距较差及其累积差超限 8. 其他较重的错漏	1. 原始数据划改不规范 2. 对结果影响较小的计算错误 3. 原始观测记录中的注记错漏 4. 观测条件掌握不严 5. 其他一般的错漏	其他轻微的错漏

续表7-6

质量元素	A类	B类	C类	D类
计算质量	1. 改正项目不全，水准测量外业计算没进行水准标尺长度误差改正、正常水准面不平行改正、路(环)线闭合差改正 2. 计算方法不正确，对结果影响较大的计算错误 3. 观测成果采用不正确 4. 平差软件中数学模型或主要技术指标不符合要求 5. 起闭点精度不符合要求或起闭点数据或原始观测数据录用错误(厘米级) 6. 其他严重的错漏	1. 外业验算项目缺项 2. GNSS高程异常模型选择不合理 3. GNSS重合点拟合残差不符合要求 4. 水准标尺长度误差改正、正常水准面不平行改正、路(环)线闭合差改正错漏 5. 起闭点数据或原始观测数据录用错误(毫米级) 6. 计算中数字修约严重不符合规定 7. 对结果影响较小的计算错误 8. 其他较重的错漏	1. 数字修约不规范 2. 其他一般的错漏	其他轻微的错漏
选点质量	1. 点位地质、地理条件极差，极不利于保护、稳定和观测 2. GNSS拟合高程起算点或水准联测点数量严重不符合规范和设计要求 3. 其他严重的错漏	1. GNSS、水准点设计不合理 2. 点位地质、地理条件不利于保护、稳定和观测 3. 点位密度不合理 4. 其他较重的错漏	1. 水准路线图、水准路线节点接测图错漏 2. 其他一般的错漏	其他轻微的错漏
埋石质量	1. 标志规格严重不符合规定 2. 标志严重倾斜 3. 其他严重的错漏	1. 标志规格不符合规定 2. 标志倾斜较大 3. 标石埋设深度不符合要求 4. 其他较重的错漏	1. 标志外部整饰不规范 2. 标志略有倾斜 3. 其他一般的错漏	其他轻微的错漏
整饰质量	1. 成果资料文字、数字错漏较多，给成果使用造成严重影响 2. 其他严重的错漏	1. 成果资料重要文字、数字错漏 2. 成果文档资料、装订不规整 3. 其他较重的错漏	1. 成果资料装订及编号错漏 2. 成果资料次要文字、数字错漏	其他轻微的错漏
资料完整性	1. 缺主要成果资料 2. 其他严重的错漏	1. 缺成果附件资料 2. 缺技术总结或检查报告 3. 上交资料缺项 4. 其他较重的错漏	1. 无成果资料清单，或成果资料清单不完整 2. 成果资料次要文字、数字错漏 3. 技术总结、实习报告内容不全 4. 其他一般的错漏	其他轻微的错漏

第8章 控制测量技术总结

测量技术总结是在测量任务完成后，对测量技术设计文件和技术标准、规范等的执行情况，技术设计方案实施中出现的主要技术问题和处理方法，测量成果质量，测量新技术的应用等进行的分析与总结，并作出的客观描述和评价。测量技术总结为用户对成果的合理使用提供便利，为测量单位持续质量改进提供依据，同时也为测量技术设计、有关技术标准、规定的制定提供支撑。测量技术总结是与测量成果有直接关系的技术性文件，是长期保存的重要技术档案资料。

8.1 技术总结的主要内容

测量技术总结编写的主要依据包括：测量任务书或合同的有关要求，用户书面要求或口头要求的记录，市场的需求；测量技术设计文件、相关的法律、法规、技术标准和规范；测量成果的质量检查报告；以往测量技术设计、测量技术总结提供的信息以及现有测量生产过程的质量记录和有关数据。其主要内容如下所述。

8.1.1 概述

概述部分包括：测量项目的名称、测量任务的来源、测量任务的内容、任务量和目标，测量成果交付与接收情况等；测量工作计划与任务实际完成情况、作业率的统计；作业区概况和已有资料的利用情况等。

8.1.2 技术设计执行情况

技术设计执行情况部分主要内容包括：说明专业测量所依据的技术性文件，包括专业技术设计书文件和项目有关的技术标准和规范；说明和评价专业技术活动过程中，专业技术设计文件的执行情况，并重点说明测量生产过程中，专业技术设计书的更改情况，包括专业技术设计的更改内容、更改原因的说明等；描述测量生产过程中出现的主要技术问题和处理方法、特殊情况的处理及其达到的效果等；当作业过程中采用新技术和新方法时，应详细描述和总结其应用情况；总结测量生产过程中的经验、教训和遗留问题，并对今后生产提出改进意见和建议。

8.1.3 测量成果质量情况

说明和评价测量成果的质量情况，包括必要的精度统计，说明和评价成果达到的技术指标，并说明测量成果质量检查报告的名称和编号。

8.1.4 上交测量成果和资料清单

说明上交测量成果和资料的主要内容和形式，主要包括：测量成果并说明其名称、数量和类型等；文档资料，包括专业技术设计文件、专业技术总结、检查报告，必要的文档簿以及其他作业过程中形成的重要记录等。

8.2 技术总结报告编写提纲

测绘技术总结的编写应做到：内容真实、全面，重点突出。说明和评价技术要求的执行情况时，不应简单抄录设计书的有关技术要求；应重点说明作业过程中出现的主要技术问题和处理方法、特殊情况的处理及其达到的效果、经验、教训和遗留问题等；文字应简明扼要，公式、数据和图表应准确，名词、术语、符号和计量单位等均应与有关法规和标准保持一致。

上节依据国家测绘局发布的《测绘技术总结编写规定》阐明了测绘技术总结报告编写应包含的主要内容。本节结合控制测量生产的具体内容，给出控制测量实习技术总结报告编写的简要提纲，如下所述。

1. 任务概况

(1)项目来源。
(2)项目工作主要内容。
(3)测区概况。
(4)项目已有资料情况。

2. 作业依据

略。

3. 工作流程

略。

4. 项目执行情况

(1)GNSS 控制测量。
①控制点选点。

②标石埋设。
③E级网布设。
④点之记。
⑤仪器设备与处理软件。
⑥GNSS观测实施情况。
⑦数据处理情况。
（2）精密水准测量。
①水准网设计。
②仪器设备与处理软件。
③精密水准外业观测情况。
④数据处理情况。
（3）GNSS高程拟合。
①高程拟合目的。
②高程拟合的方法。
③精度评定。
（4）RTK加密控制测量。
①RTK平面控制网设计。
②测量仪器及方法。
③RTK外业观测情况。
④数据处理情况。
（5）导线加密控制测量。
①导线网设计。
②测量仪器及方法。
③导线外业观测情况。
④数据处理情况。

5. 项目检查验收

（1）检查验收组织情况。
（2）检查验收技术依据。
（3）检查验收主要内容。
①成果验收。
②抽样检查程序。
③数学精度检测。

6. 项目成果提交和资料清单

略。

7. 附件

根据《测绘技术总结编写规定》,技术总结的字号和字体要求如下。

(1)封面和目录的字号和字体:技术总结报告封面的名称用二号黑体,封面的其他文字均用四号仿宋。目录页的"目录"用三号黑体,目录内容用小四号宋体。

(2)正文的字号和字体:技术总结报告正文中,章、条、附录的编号和标题用小四号黑体,图、表的标题用小四号黑体,条文(或图、表)的注、脚注用五号宋体,图、表中的数字和文字以及图、表右上方关于单位的陈述用五号宋体。正文和附录的其他内容均采用小四号宋体。

(3)控制测量实习技术总结报告封面如图 8-1 所示。

控制测量实习技术总结报告

专业班级:＿＿＿＿＿＿＿＿＿＿＿＿＿＿

组　　别:＿＿＿＿＿＿＿＿＿＿＿＿＿＿

成　　员:＿＿＿＿＿＿＿＿＿＿＿＿＿＿

指导教师:＿＿＿＿＿＿＿＿＿＿＿＿＿＿

＊＊＊大学
二〇＊＊年＊＊月

图 8-1　控制测量实习技术总结报告封面

第 9 章 外业操作考核

控制测量实习结束后,需要对学生的实习效果进行科学评价。为了准确了解学生的外业操作掌握情况,可以通过外业操作考核来评价学生外业操作的水平。本章以二等水准测量与 RTK 测量为例阐述外业操作考核的组织与实施。

9.1 水准测量操作考试

1. 考核内容

二等水准测量的考核内容主要为水准测量的操作方法及观测数据的记录。操作方法包括水准仪的安置、整平、调焦、瞄准、水准尺的扶尺等。

2. 考核规则

本次考核以原实习分组为单位进行,通常 4~6 人为一组,小组成员轮换观测、记录,每人完成 1 测段 2 测站的观测和记录工作。观测路线为边长约为 100 米的近似正方形闭合环。损坏仪器者,除按有关规定赔偿外,考核成绩记为 0 分;伪造数据者,考核成绩记为 0 分。

3. 考核评价

(1) 速度(20 分)。

满分 20 分,4 人小组在 20 分钟内完成任务得 20 分,超过 20 分钟按每超 1 分钟减 1 分计算,扣完为止。小组人数每增加 1 人,则考试时间增加 5 分钟。

(2) 观测记录(60 分)。

①未按规定进行轮换观测、记录,每测段扣 3 分。

②三脚架应使其中两脚与水准路线的方向平行,而第三脚轮换置于路线方向的左侧与右侧,操作不正确的每测站扣 3 分。

③在同一测站上观测时,不得两次调焦,否则每测站扣 3 分。

④前后视距差、前后视距累积差、基辅分划读数差、基辅高差较差每超限一处扣 5 分。
⑤记录规范性。

记录表项目未填齐全,每缺一项扣 1 分;记录者不回报数据,每站扣 2 分;从手簿外其他地方转抄原始记录,每处扣 5 分;擦拭、涂改、挖补或更改原始数据之尾部数据、原始数据位数记录不完整,每处扣 5 分。

以上扣分可累计,直到扣完为止。

(3)成果质量(20 分)。

①个人测段高差与最或然值之差不超过 2 mm 得 10 分,否则计 0 分。
②各组高差闭合差不超过 4 mm 得 10 分,否则计 0 分。

二等水准测量外业操作考试记录手簿如表 9-1 所示,成绩统计如表 9-2 所示。

表 9-1 二等水准测量外业操作考试记录手簿

测自_____至_____ 开始时间:_____时_____分 结束时间:_____时_____分
班级:_____ 组号:_____ 观测者_____ 记录者_____

测站号	后尺 上丝 下丝	前尺 上丝 下丝	方向及尺号	标尺读数		K +基本 -辅助	高差中数	备注
	后距	前距		基本分划	辅助分划			
	视距差 d	$\sum d$						
			后					
			前					
			后-前					
			后					
			前					
			后-前					
			后					
			前					
			后-前					

表 9-2 成绩统计

序号	项目	事项	得分
1	观测速度(满分 20 分)	耗时:_____分钟,超时扣分:_____分	
2	观测记录(满分 60 分)	观测规范性: 记录规范性:	

续表9-2

序号	项目	事项	得分
3	成果质量 （满分20分）	测段高差： 闭合差：	
	教师签名	总分	

9.2 RTK 测量操作考试

1. 考核内容

RTK 测量的考核内容主要为考察学生单基准站 RTK 操作方法，包括 RTK 系统各组成部分的连接方法，基准站、流动站的安置，坐标采集的参数设置、转换参数计算及检核、碎部点测量，以及成果导出等内容。

2. 考核规则

考核以小组方式进行，每个小组由两名学生组成。两人配合完成基准站和电台架设、基准站参数配置、流动站设置，设置完成后，每人单独完成 5 个 RTK 碎部点的测量工作。考核过程中注意仪器安全，损坏仪器者，除按有关规定赔偿外，考核成绩记为 0 分；伪造数据者，考核成绩记为 0 分。

3. 考核评价

(1) 速度(20分)。

满分20分，小组在30分钟内完成任务得20分，超过30分钟按每超1分钟减1分计算，扣完为止。

(2) 操作规范性(60分)。

①无法完成差分数据通信，计 0 分。

②基准站坐标设置错误，扣 10 分。

③转换参数设置错误，扣 10 分。

④测量前未进行坐标检核，扣 10 分。

⑤记录坐标时模糊度未成功固定，扣 3 分。

以上扣分可累计，直到扣完为止。

(3) 成果质量(20分)。

单个点位坐标误差不超过 10 cm 得 4 分，否则计 0 分。

参考文献

[1] 国家测绘局.测绘技术设计规定(CH/T 1004—2005)[S].北京：测绘出版社，2006.
[2] 张华海、王宝山、赵长胜，等.应用大地测量学[M].徐州：中国矿业大学出版社，2008.
[3] 李征航，黄劲松.GPS 测量与数据处理[M].3 版.武汉：武汉大学出版社，2016.
[4] 国家市场监督管理总局，国家标准化管理委员会.全球导航卫星系统(GNSS)测量规范(GB/T 18314—2024)[S].北京：中国标准出版社，2024.
[5] 付建红.数字测图与 GNSS 测量实习教程[M].武汉：武汉大学出版社，2015.
[6] 广州中海达卫星导航技术股份有限公司.iRTK5 智能 RTK 系统使用说明书 V1.1，2019.
[7] 广州中海达卫星导航技术股份有限公司.HGO 数据处理软件包使用说明书，2021.
[8] 黄劲松，李英冰.GPS 测量与数据处理实习教程[M].武汉：武汉大学出版社，2010.
[9] 翟翊，赵夫来，郝向阳，等.现代测量学[M].北京：测绘出版社，2008.
[10] 苏州一光仪器有限公司.DSZ1 精密自动安平水准仪说明书，2019.
[11] 国家质量监督检验检疫总局，中国国家标准化管理委员会.国家一、二等水准测量规范[S](GB/T 12897—2006).北京：中国标准出版社，2006.
[12] 顾若冰.电子水准仪 i 角检验校正方法比较研究[J].矿山测量.2008(4)：15-16.
[13] 郭际明，史俊波，孔祥元，等.大地测量学基础[M].武汉：武汉大学出版社.2021.
[14] 广州南方测绘仪器公司.平差易 2005 用户手册，2005.
[15] 国家测绘局.全球定位系统实时动态测量(RTK)技术规范(CH/T 2009—2010)[S].北京：测绘出版社，2010.
[16] 广州中海达卫星导航技术股份有限公司.Hi-Survey 软件使用说明书，2020.
[17] 中华人民共和国住房和城乡建设部.工程测量标准(GB 50026—2020)[S].北京：中国计划出版社，2021.
[18] ZT80 用户手册 Version 1.04，海克斯康测量系统(武汉)有限公司，2010.
[19] 国家市场监督管理总局，国家标准化管理委员会.测绘成果质量检查与验收(GB/T 24356—2023)[S].北京：中国标准出版社，2023.
[20] 国家测绘局.测绘技术总结编写规定(CH/T 1001—2005)[S].北京：测绘出版社，2006.